多相流数值模拟及其
在油气集输中的应用

翁 羽◎著

中国石化出版社

内 容 提 要

计算流体力学方法是油气集输工程领域非常重要的科研和设计工具,尤其是对于采用传统研究方法存在较大局限性的多相流问题,能够发挥更为重要的作用。本书旨在介绍和探讨多相流数值模拟技术的方法及其在油气集输工程方面的一些典型应用,为其在本领域的进一步研究和应用提供指导和借鉴。

本书可供从事多相流数值模拟研究的学者及工程设计人员借鉴和参考,也可作为高等院校油气集输领域相关专业研究生的参考资料。

图书在版编目(CIP)数据

多相流数值模拟及其在油气集输中的应用 / 翁羽著.
—北京:中国石化出版社,2022.1
ISBN 978-7-5114-6544-3

Ⅰ. ①多… Ⅱ. ①翁… Ⅲ. ①多相流-数值模拟-应
用-油气集输 Ⅳ. ①TE86

中国版本图书馆 CIP 数据核字(2022)第 016394 号

中国石化出版社出版发行
地址:北京市东城区安定门外大街 58 号
邮编:100011 电话:(010)57512446
发行部电话:(010)57512575
http://www.sinopec-press.com
E-mail:press@ sinopec.com
北京艾普海德印刷有限公司印刷
全国各地新华书店经销

*

710×1000 毫米 16 开本 9.5 印张 157 千字
2022 年 1 月第 1 版 2022 年 1 月第 1 次印刷
定价:50.00 元

目前，我国陆上油田开采存在的重要问题之一就是含水率高，因此，多相介质的处理显得日益重要。我国油田采出液中水含量大大增加，这是一个普遍现象。高含水量导致水处理工作量增加，不仅影响了企业的经济效益，而且在技术方面也增加了很多的困难。伴生气是开采原油时随着采出原油大量存在于储层间的天然气，可以使泵发生气锁现象。排放伴生气不仅会对资源造成浪费，还会使油田的环境遭到破坏。伴生气的主要成分是低分子烷烃，是一种可高度循环利用的能源，具有很高的能源价值。因此，多相混输和多相分离是目前我国油田地面工程普遍需要面对的问题。

随着石油工业的不断前进，多相流一直是研究的热点之一，国内外学者对多相流的研究越来越深入、越来越细致。对于多相流的研究，从最初的利用实验数据和现象研究总结和描述流动特性，到借助经验公式和半经验公式对各相参数进行数值计算；再到后来，得益于计算机的飞速发展，借助计算机求解各种流型的模型方程；直至现在，基于各种先进的检测手段，对各种流型瞬态模型研究，建立瞬态模型，在计算机上求解瞬态模型。科技的进步一直在推动着科研的前进，不断更新的计算机硬件和软件技术为多相流的理论计算提供了强有力的支持，更为多相流的数值仿真模拟提供了平台。基于实验研究，利用计算流体力学的知识对油气储运工程中多相流的流动进行数值模拟，对于工程问题的研究具有总结性和指导性的意义。

本书共分 5 章，介绍了多相流数值模拟的理论及其在油气集输工程领域中的一些应用。第 1 章理论部分介绍了计算流体动力学的基本理论，系统介绍了多相流数值计算的本构方程、多相流数值模型及求解方法。第 2 章以油气水旋流分离器为例，详细介绍了三相流数值分析的过程和方法，探讨了旋流分离器的流动特性和分离原理。第 3 章和第 4 章分别以水平变径管和倾斜管为例，详细介绍了管道中气液两相流三维数值分析问题从模型创建、网格剖分、数学物理模型选取到计算结果分析的过程和方法，探讨了管道中气液两相不稳定流动特性和规律。

　　本书的出版获得西安石油大学优秀学术著作出版基金的资助，在编写过程中得到了邓志安教授，研究生艾新宇、曹莎莎、邱子涵的大力支持和帮助，在此表示衷心的感谢。

　　由于作者水平有限，本书难免存在不足之处，敬请读者批评指正。

目　录　CONTENTS

绪　　论

CFD 是 Computational Fluid Dynamic(计算流体动力学)的简称，它的基本定义是：通过计算机进行数值计算与图像显示，分析流体流动和热传导等相关物理现象的系统。CFD 进行流动和传热现象分析，其基本理论是：用一系列有限个离散点上的变量值集合来替代空间域上连续物理量的场，如速度场、压力场等，然后按照一定的方式，建立这些离散点上场变量之间关系的代数方程组，通过对代数方程组求解获得场变量的近似值。优点是适应性强、应用面广。由于流动问题的控制方程一般为非线性的，而且自变量较多，计算域的几何形状和边界条件较为复杂，要获得解析解非常困难，要想找出满足工程需要的数值解，使用 CFD 方法是最好的选择，而且还可利用计算机对各种数值进行试验。例如，选择不同流动参数，对物理方程中各项有效性和敏感性进行试验，从而进行方案比较。另外，物理模型和试验模型对方法没有限制，而且省时省钱，灵活性也比较强，能给出详细和完整的资料，对特殊尺寸的模拟也很容易。对高温、有毒、易燃等真实条件以及实验中只能接近而无法达到的理想条件同样可以模拟。

计算流体力学的发展进程与计算机技术的发展联系紧密。一般来说，只有当计算机的内存、速度和外围设备达到一定程度时才会有计算流体力学新阶段的出现。随着计算技术的改善、超级计算机的出现，计算流体力学研究的深度和广度不断发展。它不仅可以用于研究已知的物理问题，而且还可用于发现新的物理现象。

近年来，随着科学技术的飞速发展，油气勘探开发的重点从原来的陆地逐渐转移向海洋，从浅海区域的油气勘探开发向深海区域的油气勘探开发转移。中国海油(CNOOC)对外发布，在渤海莱州湾北部地区获得垦利 6-1 大型发现，是继千亿方大气田渤中 19-6 之后，在渤海获得的又一重大发现。这一重大发现对于保障我国能源安全、稳定东部油田产量、推动京津冀协同发展具有重要意义。

在海洋中开采油气资源时常会面临一些问题。从海底开采出的石油和天然气，由于海洋钻井平台一般不具备储存大量油气的功能，通常要求在平台上实现油气水的预分离，传统技术在对采出液的处理中尽管有着效果好、一次处理量大等优点，但不可避免的缺点是它所占容积大、分离时间长、操作不便利等，所以，对于能够实现快速、高效分离的新形式分离设备的需求越来越迫切，而旋流分离器与其他的分离技术相比，拥有更加优良的性能，不仅节约了人力和成本，而且分离时间短、效率高。

此外，在考虑成本、安全、工艺等方面之后，往往会选择使用管输的方式将开采出的石油、天然气暂不处理，选择油气混输组合管线直接输送至陆地的地面工程(油库或联合处理站等)储存或者进行油气分离处理。由于海底地形的复杂性，在油气混输的过程中受到海底地形起伏的影响，非常容易出现一种危害大且给正常运输过程带来困难的两相流流型——段塞流(Slug Flow)。段塞流的出现使管道中的气相、液相的流速发生变化，同时产生压力波动，对海底管道的使用寿命、材料成本带来许多的问题和困扰。

除海底混输管道外，在许多地面的油气开采过程和运输过程中也不可避免地存在段塞流。在油田早期的开发阶段，采油井井筒底部到井口的过程中可能会出现垂直管中的气液两相段塞流现象。随着油气田开发的进行，在中后期开采的过程中，采出液中液相占比逐渐降低，致使后续油气集输过程中不可避免地出现多相流流动现象，如：油水两相流、气水两相流、油气水三相流等，也极易出现段塞流。除地形起伏变化因素外，在许多操作条件下(正常操作、启动或输量变化时)，混输管路中也极易出现段塞流，例如长距离输油、输气管线的停输以及再启动等。除外在因素，管道本身的几何形状也可能会导致段塞流的出现，譬如两相流或多相流流经仪表前后的变径管、不同角度的弯管以及下倾-垂直管之类的管道时，也极易发生段塞流的现象。

目前，利用计算流体力学的知识和工具对油气储运领域中的多相流问题进行数值模拟，对于工程问题的研究具有总结性和指导性的意义。

第1章　多相流数值模拟基础

1.1　计算流体动力学基础理论

1.1.1　流体动力学控制方程

流体流动要受到物理守恒定律的支配，基本的守恒方程包括：质量守恒方程、动量守恒方程、能量守恒方程。控制方程是对这些定律的数学描述。

（1）质量守恒方程

任何流动问题都必须满足质量守恒定律。该定律可表述为：单位时间内通过流体微元中的质量的增加，等于同一时间间隔内流入该微元体的净质量。按照这一定律，可以得到质量守恒方程：

$$\frac{\partial}{\partial t}(\rho) + \nabla \cdot (\rho \boldsymbol{u}) = 0 \tag{1-1}$$

式中　ρ——流体密度，kg/m^3；

　　t——时间，s；

　　$\boldsymbol{u}$——流体速度矢量，m/s。

（2）动量守恒方程

动量守恒定律也是任何流动问题必须满足的基本定律。该定律可以表述为：微元体中的动量对时间的变化率等于外界作用在该微元体上的各种力之和。按照这一定律可以得到动量守恒方程：

$$\frac{\partial}{\partial t}(\rho u) + \nabla \cdot (\rho u_i u) = \nabla \cdot (\mu \cdot \mathrm{grad} u_i) - \nabla p + S_i \tag{1-2}$$

（3）能量守恒方程

能量守恒方程是包含热交换的流动必须满足的基本定律。该定律可表述为：微元体中能量的增加率等于进入微元体的净热量加上体力与面力对微元体所做的功。这样可以得到能量守恒方程：

$$\frac{\partial}{\partial t}(\rho T) + \mathrm{div}(\rho u T) = \mathrm{div}\left(\frac{k}{c_{\mathrm{P}}}\mathrm{grad}T\right) + S_{\mathrm{T}} \qquad (1-3)$$

式中　c_{P}——比热容，J/（kg·K）；

　　　T——温度，K；

　　　k——流体的传热系数，J/（m·K）；

　　　S_{T}——黏性耗散项。

（4）控制方程的通用形式

为了便于对各控制方程进行分析并用统一程序对各控制方程进行求解，需要建立基本控制方程的通用形式。

比较三个控制方程可以看出，尽管这些方程中因变量各不相同，但均反映了单位时间、单位体积内物理量的守恒特性。如果用 ϕ 表示通用变量，则上述各控制方程可以表示成以下通用形式：

$$\frac{\partial(\rho\phi)}{\partial t} + \mathrm{div}(\rho u \phi) = \mathrm{div}(\Gamma\,\mathrm{grad}\phi) + S \qquad (1-4)$$

式中　ϕ——通用变量，可以代表 u、v、w、T 等求解变量；

　　　Γ——广义扩散系数；

　　　S——广义源项。

式中各项依次为瞬态项、对流项、扩散项和源项。对于特定的方程，ϕ、Γ 和 S 有特定的形式。所有控制方程都可以经过适当的数学处理，将方程中的因变量、瞬态项、对流项、扩散项和源项写成标准形式，然后将方程右端的其余各项集中在一起定义为源项，从而化为通用微分方程。我们只需要考虑通用微分方程的数值解，写出源程序，就可以求解不同类型的流体流动及传热问题。

1.1.2　基于有限体积法的控制方程离散

在对控制方程进行离散时，由于应变量在节点之间的分布假设及推导离散方法不同，就形成了有限差分法、有限元法和有限体积法等不同类型的离散化方法。

有限体积法是目前 CFD 领域广泛使用的离散化方法。有限体积法又称控制体积法，其基本思路是：将计算区域划分为网格，并使每个网格点周围有一个互不重复的控制体积；将待解微分方程（控制方程）对每一个控制体积积分，从而得到一组离散方程。其中的未知数是某个点上的因变量 ϕ。为了求出控制体积的积分，必须假定 ϕ 值在网格之间的变化规律。从积分区域的选取方法看来，有限体积法属于加权余量法中的子域法；从未知解的近似方法看来，有限体积法属于采用局部近似的离散方法。简言之，子域法加离散，就是有限体积法的基本方法。

有限体积法的基本思想易于理解，并能得出直接的物理解释。离散方程的物理意义，就是因变量 ϕ 在有限大小的控制体积中的守恒原理，如同微分方程表示因变量在无限小的控制体积中的守恒原理一样。

有限体积法得出的离散方程，要求因变量的积分守恒对任意一组控制体积都得到满足，对整个计算区域自然也得到满足。这是有限体积法吸引人的优点。有一些离散方法，例如有限差分法，仅当网格极其细密时，离散方程才满足积分守恒，而有限体积法即使在粗网格情况下，也显示出准确的积分守恒。

就离散方法而言，有限体积法可视作有限元法和有限差分法的中间物。有限元法必须假定 ϕ 值在网格节点之间的变化规律(即插值函数)，并将其作为近似解。有限差分法只考虑网格点上 ϕ 的数值而不考虑 ϕ 值在网格节点之间如何变化。有限体积法只寻求 ϕ 的节点值，这与有限差分法相类似；但有限体积法在寻求控制体积的积分时，必须假定 ϕ 值在网格点之间的分布，这又与有限单元法相类似。在有限体积法中，插值函数只用于计算控制体积的积分，得出离散方程之后，便可忘掉插值函数；如果需要的话，可以对微分方程中不同的项采取不同的插值函数。目前大多数通用 CFD 软件采用有限体积法。

对于任一种离散格式，我们都希望其既具有稳定性，又具有较高的精度，同时又能适应不同的流动形式，但实际上这种理想的离散格式是不存在的。在有的文献中，提出了对现有离散格式进行组合的方法，但代数方程的求解工作量要比非组合格式大。因此，应用并不普遍。

在满足稳定性条件的范围内，一般地说，在截差较高的格式下解的准确度要高一些。例如，具有三阶截差的 QUICK 格式往往可获得较高的精度。在采用低阶截差格式时，注意应使计算网格足够密，以减少假扩散影响。

稳定性与准确性常常是互相矛盾的。准确性较高的格式，如 QUICK 格式，都不是无条件稳定的，而假扩散现象相对严重的一阶迎风格式则是无条件稳定的。其中的一个原因是，为了提高格式的截差等级，需要从所研究节点的两侧取用一些节点以构造该节点上的导数计算式，而一旦下游的节点值出现在导数离散格式中且其系数为正时，迁移特性必遭破坏，格式就只能是条件稳定的。

CFD 程序中，提供了多种离散格式(表 1-1)。当流动和网格成一条线时(如：矩形网格或者六面体网格模拟矩形导管的层流流动)，可以使用一阶迎风离散格式。但是，当流动和网格不在一条线上时(即流动斜穿网格线)一阶对流离散增加了对流离散的误差(数值耗散)。对于三角形和四面体网格，流动从来就不会和网格成一条线，此时一般要使用二阶离散来获取更高精度的结果。对于四边形或者六面体网格，如果使用二阶离散格式，尤其是对于复杂流动来说，可以获取更好的结果。总而言之，一阶离散一般会比二阶离散收敛得好，但是精度稍差。对于旋转和涡流，如果使用四边形或者六面体网格，QUICK 离散格式会比二阶格式产生更为精确的结果。但是，一般说来二阶格式已经足够了，QUICK 格式也未必会提高多少精度。我们还可以选择幂率格式，但是一般说来它不会比一阶格式精确多少。方程离散格式的选择要综合精度和经济性两方面来考虑。

表 1-1　常见离散格式的性能对比

离散格式	稳定性及稳定条件	精度及经济性
中心差分	条件稳定 $Pe \leqslant 2$	在不发生振荡的参数范围内可以获得较准确的结果
一阶迎风	绝对稳定	虽然可以获得物理上可接受的解，但当 Pe 数较大时，假扩散较严重。为避免此问题，常需要加密网格
二阶迎风	绝对稳定	精度较一阶迎风高，但仍有假扩散问题
混合格式	绝对稳定	当 $Pe \leqslant 2$ 时，性能与中心差分格式相同；当 $Pe > 2$ 时，性能与一阶迎风格式相同
指数格式乘方格式	绝对稳定	主要适用于无源项的对流扩散问题。对有非常数源项的场合，当 Pe 数较高时有较大误差
QUICK 格式	条件稳定 $Pe \leqslant 8/3$	可以减少假扩散误差，精度较高，应用较广泛。但主要用于六面体和四边形网格
改进的 QUICK 格式	绝对稳定	性能同标准的 QUICK 格式，只是不存在稳定性问题

1.1.3　流场的数值解法

流场计算的基本过程是在空间上用有限体积法或其他类似方法将计算区域离散成许多小体积单元，在每个梯级单元上对离散后的控制方程组进行求解。流场计算方法的本质就是对离散后的控制方程组的求解。

(1) 流场数值计算的主要方法

用数值模拟的方法直接求解控制方程时，由于每个速度分量既出现在动量方程中，又出现在连续方程中，导致各方程错综复杂地耦合在一起。同时，更为复杂的是压力项的处理，它出现在两个动量方程中，却没有可以直接求解压力的方程。

为了解决压力场求解所带来的流场求解难题，人们提出了若干种流场数值解法。

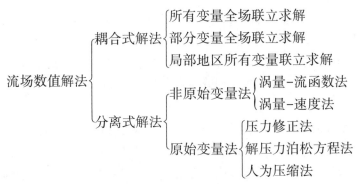

目前工程上使用最广泛的流场计算方法是压力修正法。压力修正法的实质是迭代法。

（2）流场计算的 SIMPLE 算法

SIMPLE 算法是目前工程上应用最为广泛的方法，它属于压力修正法。1972 年 Patankar 和 Spalding 提出的 SIMPLE（Semi-Implicit Method for Pressure-Linked Equations）算法，意为求解压力耦合方程组的半隐式方法，是求解不可压缩流体的 N-S 方程应用非常广泛的算法，同时也成功地应用于可压缩流体流场的数值计算中。它的核心是采用"猜测—修正"的过程，在交错网格的基础上来计算压力场，从而达到求解动量方程（Navier-Stokes 方程）的目的。

SIMPLE 算法的基本思想可描述如下：对于给定的压力场（它可以是假定的值，或是上一次迭代计算所得到的结果）求解离散形式的动量方程，得出速度场。因为压力场是假定的或不精确的，由此得到的速度场一般不满足连续方程，因此必须对给定的压力场进行修正。修正的原则是：与修正后的压力场相对应的速度场能满足这一迭代层次上的连续方程。据此原则，我们把由动量方程的离散形式所规定的压力与速度的关系代入连续方程的离散形式，从而得到压力修正方程，由压力修正方程得出压力修正值。接着，根据修正后的压力场，求得新的速度场。然后检查速度场是否收敛。若不收敛，用修正后的压力值作为给定的压力场，开始下一层次的计算。如此反复，直到获得收敛的解。在上述求解过程中，如何获得压力修正值（即如何构造压力修正方程），以及如何根据压力修正值确定"正确"的速度（即如何构造速度修正方程），是 SIMPLE 算法的两个关键问题。

设初始的猜测压力场 p^*，动量方程的离散方程可借助该压力场得以求解，从而求出相应的速度风量 u^*、v^*、w^*。压力改进值与原值 p^* 之差 p'，相应的速度修正量为 u、v、w，则改进后的相应值为 $u=u^*+u'$，$v=v^*+v'$，$w=w^*+w'$，$p=p^*+p'$。根据动量方程可得：

$$a_E u_E^* = \sum a_{nb} u_{nb}^* + b + (p_P^* - p_E^*) A_e \tag{1-5}$$

把改进值代入上式立三方程，得：

$$a_E(u_E^* + u_E') = \sum a_{nb}(u_{nb}^* + u_{nb}') + b + [(p_P^* + p_P') - (p_E^* + p_E')] A_e \tag{1-6}$$

假定源项 b 不变，将上两式相减得：

$$a_E u_E' = \sum a_{nb} u_{nb}' + b + (p_P' - p_E') A_e \tag{1-7}$$

速度的改进值由两部分组成：一部分是与该速度在同一方向上的相邻两节点间压力修正值之差，这是产生速度修正值的直接动力；另一部分是由邻点速度的修正值所引起的，其影响可近似地不考虑，即假设系数 $a_{nb} = 0$，于是速度修正方程为：

$$a_E u_E' = (p_P' - p_E') A_e \tag{1-8}$$

令 $d_e = \dfrac{A_e}{a_E}$，可得：

$$u_E' = d_e(p_P' - p_E') \tag{1-9}$$

于是改进后的速度为：

$$\begin{cases} u_E' = u^* + d_e(p_P' - p_E') \\ v_N' = v^* + d_n(p_P' - p_N') \\ w_T' = w^* + d_t(p_P' - p_T') \end{cases} \tag{1-10}$$

现在来导出压力修正值 p' 的代数方程。将改进的速度代入连续方程的离散形式可获得 p' 的代数方程。

$$a_P p_P' = a_E p_E' + a_W p_W' + a_N p_N' + a_S p_S' + a_T p_T' + a_B p_B' + c \tag{1-11}$$

式中的 c 是由于不正确的速度场（u^*、v^*、w^*）所导致的，它的数值代表一个控制容积不满足连续方程的剩余质量的大小，可作为速度场迭代收敛的一个标志。

SIMPLE 算法自问世以来，在被广泛应用的同时，也以不同方式不断地得到改善和发展，其中最著名的改进算法包括 SIMPLEC、SIMPLER 和 PISO 算法。

SIMPLE 算法是 SIMPLE 系列算法的基础，目前在各种 CFD 软件中均提供这种算法。SIMPLE 的各种改进算法，主要是提高了计算的收敛性，从而缩短计算时间。

在 SIMPLE 算法中，压力修正值 p' 能够很好地满足速度修正的要求，但对压力修正不是十分理想。改进后的 SIMPLER 算法只用压力修正值 p' 来修正速度，另外构建一个更加有效的压力方程来产生"正确"的压力场。由于在推导 SIMPLER 算法的离散化压力方程时，没有任何项被省略，因此所得到的压力场与速度场相适应。在 SIMPLER 算法中，正确的速度场将导致正确的压力场，而在 SIMPLE 算法中，则不是这样。所以，SIMPLER 算法是在很高的效率下正确计算压力场的，这一点在求解动量方程时有明显优势。虽然 SIMPLER 算法的计算量比 SIMPLE 算法高出 30% 左右，但其较快的收敛速度使得计算时间减少 30% ~ 50%。

SIMPLEC 和 PISO 算法总体上与 SIMPLER 具有同样的计算效率，相互之间很难区分谁高谁低，对于不同类型的问题每种算法都有自己的优势。一般来讲，动量方程与标量方程(如温度方程)如果不是耦合在一起的，则 PISO 算法在收敛性方面显得很健壮，且效率较高。而在动量方程与标量方程耦合非常密切时，SIMPLEC 和 SIMPLER 的效果可能更好些。

1.2　湍流及数值模拟方法

1.2.1　湍流及其数学描述

湍流是自然界常见的流动现象，在多数工程问题中流体的流动往往处于湍流状态，湍流特性在工程中占有重要地位。

当雷诺数大于临界值时，就会出现一系列复杂的变化，最终导致流动特性的本质变化，流动呈无序的混乱状态。这时，即使边界条件保持不变，流动也是不稳定的，速度等流动特性都随机变化。这种状态称为湍流。

观测表明，湍流是有旋转的流动结构，这就是所谓的湍流涡，简称涡。湍流时流体内不同尺度的涡的随机运动造成了湍流的一个重要特点——物理量的脉动，如图 1-1 所示。

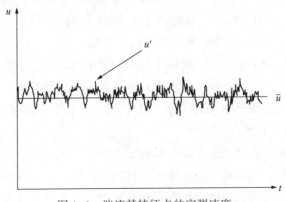

图 1-1　湍流某特征点的实测速度

为了考察脉动的影响，目前采用的方法是时间平均法，即把湍流运动看作由两个流动叠加而成，一是平均流动，二是脉动流动。这样将脉动分离出来，便于处理和进一步探讨。任一变量 ϕ 的时间平均值定义为：

$$\bar{\phi} = \frac{1}{\Delta t} \int_{t}^{t+\Delta t} \phi(t) \, \mathrm{d}t \qquad (1-12)$$

物理量的瞬时值 ϕ、时均值 $\bar{\phi}$ 及脉动值 ϕ' 之间的关系如下：

$$\phi = \bar{\phi} + \phi' \qquad (1-13)$$

1.2.2 湍流模拟方法简介

对湍流进行数值模拟的方法可以分为两类，即直接数值模拟方法和非直接数值模拟方法。所谓的直接数值模拟方法就是直接求解瞬时的湍流控制方程；非直接数值模拟方法不直接求解瞬时的湍流控制方程，而是对湍流作某种程度的近似和简化处理。由于近似和简化处理的方法不同，非直接数值模拟方法分为大涡模拟和 Reynolds（雷诺）平均法。

（1）直接数值模拟（DNS）简介

直接数值模拟是直接求解瞬时的 N-S 方程组，以获得流体流动的信息。N-S 方程和连续方程其本身是封闭的方程组，不需要补充其他模型。直接数值模拟方法可以提供流场中的完整信息，获得描述湍流波动特性的所有信息，不需要对特定问题做任何的近似和简化，可以得到完全的精确解。在理论上用数值方法求解控制方程组是可行的。但湍流运动十分复杂，是由大小不同尺寸的涡叠加而成。数值模拟时，需要计算区域足够大，以包含最大尺度的涡，同时又需要计算网格和时间步长足够小，以分辨最小尺度涡的运动，对计算速度和内存空间要求非常高。但由于计算机条件的约束，目前只能限于一些低雷诺数的简单流动，不能用于工程应用。目前国际上正在做的湍流直接数值模拟还只限于较低的雷诺数（$Re \sim 200$）和非常简单的流动外形，如平板边界层、完全发展的槽道流以及后台阶流动等。用直接数值模拟方法处理工程中的复杂流动问题，即使是当前最先进的计算机也还差三个量级。DNS 方法对研究流体湍流运动具有很大的潜力，但目前还无法用于真正意义上的工程计算，但大量的探索性工作正在进行之中。

（2）大涡模拟（LES）

大涡模拟（LES）把湍流的大涡和小涡分开处理，将大尺度涡旋运用 N-S 方程直接进行数值模拟，对小尺度涡运用湍流模型来计算。要实现大涡模拟有两个关键操作：①建立滤波函数分解大尺度涡和小尺度涡；②建立描述小尺度涡对大尺度涡影响的附加应力项，被称为亚格子尺度应力。对计算机内存和 CPU 速度的要求仍很高，用于解决高雷诺数三维湍流流动问题仍存在着巨大的困难。具体表现在：①通用的小涡模型需要极密的节点，要求计算机具有强大的存储能力；②大量计算数据和求解非线性偏微分方程要求计算具有高速数值处理能力；③需要非常可观的计算时间。总体而言，LES 方法对计算机内存及 CPU 速度的要求仍比较高，但低于 DNS 方法。目前，在工作站和高档 PC 机上已经可以开展 LES 工作，CFD 等商用软件也提供了 LES 模块供用户选择。LES 方法是目前 CFD 研究和应用的热点之一。

（3）Reynolds 平均方法

目前能够用于工程计算的方法就是模式理论。所谓湍流模式理论，就是依据湍流的理论知识、实验数据或直接数值模拟结果，对 Reynolds 应力作出各种假设，即假设各种经验的和半经验的本构关系，从而使湍流的平均 Reynolds 方程封闭。随着计算流体力学的发展，湍流模式理论也有了很大的进步，有了非常丰硕的成果。根据对模式处理的不同出发点，可以将湍流模式理论分成两大类：一类称为二阶矩封闭模式；另一类称涡黏性封闭模式。

（4）雷诺应力模式

实际上湍流都是各向异性的，脉动在某一主导方向上最强，而在其他方向上较弱。因此涡流黏性系数应该是矢量而不是标量。从各向异性的前提出发也可以直接封闭和求解关于雷诺应力的运输方程，这就是雷诺应力方程模型，也叫作二阶矩封闭模型。这种模型从理论的角度来看是简单的，但从工程实际的角度来看又是复杂的，其他更高阶或者更精细的模型目前尚难应用于工程实际问题中。实际经验表明：雷诺应力模型能准确地计算各向异性效应，如壁效应、浮力效应、旋转效应等，无须用半经验的方法修正，在不少情形下效果优于常用的 k-ε 模型。但该模型中对压力应变项的模拟似乎尚不充分，在计算过程中还会出现负湍动能的情况。另外，该模型过于繁杂，所需计算时间长，耗资也大。

（5）涡黏模式

在工程湍流问题中得到广泛应用的模式是涡黏性模式，这是由 Boussinesq 仿照分子黏性的思路提出的，即设 Reynolds 应力为：

$$-\rho \overline{u_i' u_j'} = \mu_t \left(\frac{\partial u_i}{\partial x_j} + \frac{\partial u_j}{\partial x_i} \right) - \frac{2}{3} \left(\rho k + \mu_t \frac{\partial u_i}{\partial x_i} \right) \delta_{ij} \tag{1-14}$$

式中　μ_t——湍流黏度；

$\quad\quad u_i$——时均速度；

δ_{ij}——"Kronecker delta"符号（当 $i=j$ 时，$\delta_{ij}=1$；当 $i\neq j$ 时，$\delta_{ij}=0$）；

k——湍动能。

$$k=\frac{1}{2}\overline{u'_i u'_j}=\frac{1}{2}\left(\overline{u'^2}+\overline{v'^2}+\overline{w'^2}\right) \tag{1-15}$$

湍动黏度 μ_t 是空间坐标的函数，取决于流动状态，而不是物性参数。

由上可见，引入 Boussinesq 假定以后，计算湍流流动的关键就在于如何确定 μ_t。这里所谓的涡黏模型，就是把 μ_t 与湍流时均参数联系起来的关系式。依据确定 μ_t 的微分方程数目的多少，涡黏模型包括零方程模型、一方程模型和两方程模型。

1.2.3　k-ε 两方程模型

（1）标准 k-ε 模型

标准 k-ε 模型是典型的两方程模型，它引入了两个参数湍动能 k 和湍动耗散率 ε，而将湍流黏度 μ_t 表示成这两个参数的函数。

$$\mu_t=\rho C_\mu \frac{k^2}{\varepsilon} \tag{1-16}$$

在标准 k-ε 模型中，k 和 ε 是两个基本未知量，有两个与之对应的输运方程式，从而使方程组封闭，进而求解。

$$\frac{\partial}{\partial t}(\rho k)+\frac{\partial}{\partial x_j}(\rho k u_j)=\frac{\partial}{\partial x_i}\left[\left(\mu+\frac{\mu_t}{\sigma_k}\right)\frac{\partial k}{\partial x_j}\right]+G_k-\rho\varepsilon+G_b+S_k \tag{1-17}$$

$$\frac{\partial}{\partial t}(\rho\varepsilon)+\frac{\partial}{\partial x_j}(\rho\varepsilon u_j)=\frac{\partial}{\partial x_i}\left[\left(\mu+\frac{\mu_t}{\sigma_\varepsilon}\right)\frac{\partial\varepsilon}{\partial x_j}\right]+C_{1\varepsilon}\frac{\varepsilon}{k}(G_k+C_{3\varepsilon}G_b)-C_{2\varepsilon}\rho\frac{\varepsilon^2}{k}+S_\varepsilon$$

$$\tag{1-18}$$

G_k 是由于速度梯度引起的应力生成项：

$$G_k=-\rho\overline{u'_i u'_j}\frac{\partial u_j}{\partial x_i} \tag{1-19}$$

经过模化后，有：

$$G_k=\mu_t S^2 \tag{1-20}$$

式中：$S=\sqrt{2S_{ij}S_{ij}}$；

$$S_{ij}=\frac{1}{2}\left(\frac{\partial u_i}{\partial x_j}+\frac{\partial u_j}{\partial x_i}\right)$$

G_b 代表由于浮升力引起的湍流动能产生项，被定义为：

$$G_{b} = \beta g_i \frac{u_t}{Pr_t} \frac{\partial T}{\partial x_i} \qquad (1-21)$$

式中　　Pr——湍流普朗特数；

　　　　g_i——在 i 方向的重力分量。

标准 k-ε 模型中有 5 个常数 $C_{1\varepsilon}$、$C_{2\varepsilon}$、σ_k、σ_g 和 C_μ，通常采用 Launder 和 Spalding 推荐的下列值：

$$C_{1\varepsilon}=1.44,\ C_{2\varepsilon}=1.92,\ C_\mu=0.09,\ \sigma_k=1.0,\ \sigma_g=1.3$$

这些默认值是通过水和空气的基础剪切流（包括均匀剪切流和衰减等方向栅格湍流）实验得到的。这套常数已成功地应用于很多问题，如边界层型流动、管内流动、自由剪切流动和有回流的流动问题。这种方法稳定、简单、经济，并在较大的范围内具有足够的精度。但是它的缺点是，在某些情况下，如有回流和大曲率和强旋度的情况下不能很好地预测湍流特性。鉴于此，人们又提出了不同的修正方法。

（2）重整化 RNGk-ε 模型

在模化的 k 和 ε 方程中包含有五个系数 $C_{1\varepsilon}$、$C_{2\varepsilon}$、C_μ、σ_k 和 σ_g。对于标准 k-ε 模型，这些系数均为常数，它们是从平衡湍流边界层和各向同性湍流的基准实验中得到的。RNGk-ε 模型是对标准的 k-ε 模型进行的一种改进。20 世纪 80 年代中期，Yakhot 及 Orzag 根据量子物理中的能谱分析及统计学中的相关分析，采用重整化群理论，从本质上摆脱了传统湍流模型理论过多依赖于经验的束缚，推导出了一种新的湍流模型，称为 RNGk-ε 模型。Yakhot 和 Orzag 最初将重整化群思想应用于湍流模型，得到的是一种原始版本的 RNGk-ε 模型。虽然关于湍流的 RNG 分析完全是基于理论上的推导，并未借助任何经验，但由此得到的某些常数与实验结果却相当吻合，这从一个侧面反映出 RNGk-ε 模型与传统的 k-ε 模型相比在理论方面的严密性。遗憾的是 Smith 和 Reynolds 在随后的研究中发现湍动能耗散率的输运方程在最初的推导中存在错误。于是 Yakhot 和 Smith 又重新推导了该方程，并重新计算了耗散产生项中的系数，得到了一种修正的 RNGk-ε 模型。后来，Yakhot 等采用一种双向展开（double expansion）技术，导出了新版的 RNGk-ε 模型。在高 Re 数区，这种 RNGk-ε 模型与标准 k-ε 模型具有相同的形式，但是其模型系数取值不同，并在 ε 方程中增加了一个附加产生项，以更好地适应具有大应变率的湍流流动。已有的研究表明，新版 RNGk-ε 模型对湍流的预测能力要明显优于其他两种版本，所以本章研究采用的是新版 RNGk-ε 模型。

自从 RNGk-ε 模型提出以来，一些学者将该模型分别用于二维后台阶分离流和强曲率弯管内湍流分离流动的数值模拟，获得了满意的结果。此外，Nakamura 等采用 RNG 代数湍流模型预测了边界层中从层流向湍流的转捩；Lien 等用后台阶流评价了包括标准 k-ε 模型和 RNGk-ε 模型在内的不同湍流模型的性能；Chen 对室内空气流动的计算表明，RNGk-ε 模型略好于标准 k-ε 模型，但他没有分析为什么会出现这样的结果。Gan 采用标准 k-ε 模型和 RNGk-ε 模型，对两个很高而且充满空气的洞穴中的湍浮升力自然对流问题进行了数值模拟。将数值预测结果与文献中的实验数据比较发现二者具有较好的一致性；与标准 k-ε 模型相比，RNGk-ε 模型的预测结果更好。最近的一些研究也显示了基于 RNGk-ε 模型是一种对工程实际和科学计算非常有用的湍流模型。

对于 RNGk-ε 模型而言，其湍动能 k 和耗散率 ε 的输运方程为：

$$\frac{\partial}{\partial t}(\rho k)+\frac{\partial}{\partial x_j}(\rho k u_j)=\frac{\partial}{\partial x_i}\left(a_k\,\mu_{\text{eff}}\frac{\partial k}{\partial x_i}\right)+G_k-\rho\varepsilon+G_b+S_k \tag{1-22}$$

$$\frac{\partial}{\partial t}(\rho\varepsilon)+\frac{\partial}{\partial x_j}(\rho\varepsilon u_j)=\frac{\partial}{\partial x_i}\left(a_\varepsilon\,\mu_{\text{eff}}\frac{\partial\varepsilon}{\partial x_i}\right)+C_{1\varepsilon}\frac{\varepsilon}{k}(G_k+C_{3k}G_b)-C_{2\varepsilon}\rho\frac{\varepsilon^2}{k}-R_\varepsilon+S_\varepsilon$$

$$\tag{1-23}$$

从方程来看，它在形式上与上文中方程是相似的，但是实际上它作了如下修正。

有效黏性系数 μ_{eff} 的模化：

RNGk-ε 模型对标准 k-ε 模型的修正之一是利用公式率定替代标准 k-ε 模型中参数的实验率定。要点如下：

在 RNGk-ε 模型中，湍流涡旋黏性是通过微分方程得到的，它根据重整化群理论通过理论推导得出：

$$\mathrm{d}\left(\frac{\rho^2}{\sqrt{\varepsilon\mu}}\right)=1.72\frac{\hat{\nu}}{\sqrt{\hat{\nu}^3-1+C_\nu}}\mathrm{d}\hat{\nu} \tag{1-24}$$

式中，$\hat{\nu}=\dfrac{\mu_{\text{eff}}}{\mu}$；$C_\nu\approx100$。

通过对上式进行积分，可获得湍流传输随有效雷诺数和涡尺度变化关系的较准确的描述，从而使模型能够较好处理低雷诺数区或近壁区。在高雷诺数时，对式(1-24)进行积分可获得与标准 k-ε 双方程模型一致的结论，即：$\mu_t=\rho C_\mu\dfrac{k^2}{\varepsilon}$，常数 $C_\mu=0.0845$（对于标准 k-ε，$C_\mu=0.09$）。

旋流修正：

若主流存在旋转因素或有旋流时，湍流特性一般会受到主流的影响。为了在模型中考虑这一影响，对湍流黏性系数作了如下修正：

$$\mu_t = \mu_{t0} f\left(a_s, \ \Omega, \ \frac{k}{\varepsilon}\right) \tag{1-25}$$

式中　　μ_{t0}——没有旋流修正时的湍流黏性系数，它采用 $\mu_t = \rho C_\mu \dfrac{k^2}{\varepsilon}$ 进行计算；

　　　　a_s——常数，可根据旋度大小取值；

　　　　Ω——旋转特征数。

计算反转有效普朗特数：

反转有效普朗特数 α_k 和 f 是使用由 RNG 理论分析推导出的下列公式计算：

$$\left|\frac{\alpha - 1.3929}{\alpha_0 - 1.3929}\right|^{0.6321} \left|\frac{\alpha + 2.3929}{\alpha_0 + 2.3929}\right|^{0.3679} = \frac{\mu_{mol}}{\mu_{eff}} \tag{1-26}$$

式中，$\alpha_0 = 1.0$，在高雷诺数范围（$\mu_{mol}/\mu_{eff} \ll 1$）；$\alpha_k = \alpha_\varepsilon \approx 1.393$。

ε 方程中 R_ε 项的修正：

RNGk-ε 模型与标准 k-ε 模型间的主要区别在于 R_ε 项修正：

$$R_\varepsilon = \frac{C_\mu \rho \eta^3 \left(1 - \dfrac{\eta}{\eta_0}\right) \varepsilon^2}{1 + \beta \eta^3} \tag{1-27}$$

式中，$\eta \equiv Sk/\varepsilon$；$\eta_0 = 4.38$；$\beta = 0.012$。

RNDk-ε 方程的这项修正的意义可以通过重新整理式来说明，并将方程右端第三项和第四项合并，这样 ε 方程可以写作：

$$\frac{\partial}{\partial t}(\rho \varepsilon) + \frac{\partial}{\partial x_j}(\rho \varepsilon u_j) = \frac{\partial}{\partial x_i}\left(a_\varepsilon \mu_{eff} \frac{\partial \varepsilon}{\partial x_i}\right) + C_{1\varepsilon} \frac{\varepsilon}{k} G_k - C_{2\varepsilon}^* \rho \frac{\varepsilon^2}{k} \tag{1-28}$$

式中，$C_{2\varepsilon}^* \equiv C_{2\varepsilon} + \dfrac{C_\mu \rho \eta^3 \left(1 - \dfrac{\eta}{\eta_0}\right)}{1 + \beta \eta^3}$；$C_{1\varepsilon} = 1.42$；$C_{2\varepsilon} = 1.68$。

可见，当 $\eta < \eta_0$ 时（对应低应变率区），R_ε 项的增加使 $C_{2\varepsilon}^* > C_{2\varepsilon}$，其结果是使 RNG$k$-$\varepsilon$ 模型所得的湍流涡旋黏性比标准 k-ε 模型所得的高；反之，在高应变率区 $\eta > \eta_0$，RNGk-ε 模型所得的湍流涡旋黏性比标准 k-ε 模型所得的低。这样，RNGk-ε 模型考虑了高应变率或大曲率过流面等因素的影响，从而提高了模型在旋流和大曲率情况下的精度。方程中的模型常数 $C_{1\varepsilon}$ 和 $C_{2\varepsilon}$ 具有由 RNG 理论分析推导出的值。

1.3 亚松弛技术

亚松弛技术是使压力修正方程稳定地趋于收敛的一种有效方法。对于非线性问题的求解，只要每次计算的代数方程系数满足四个原则，即相容性原则、正系数原则、源项线性化负斜率原则和邻近节点系数和原则，并且相邻两次计算的方程中系数变化不大，则多数情况下的非线性问题的迭代法可以获得收敛解。为了满足相邻两次计算的方程中系数变化不大的要求，通常采用欠松弛技术。

借助亚松弛技术，改进后的压力按下面的公式计算：

$$p = p^* + \alpha_p p' \tag{1-29}$$

式中 α_p——压力欠松弛系数。

α_p 取值范围为 $0 \sim 1$，大的 α_p 值可以加快收敛速度，但是稳定性降低；反之，会使计算的稳定性增加。

对速度，为限制相邻两层次之间的变化，以利于非线性问题迭代收敛，也要求亚松弛。一般都将亚松弛过程组织到代数方程的求解过程中。所谓亚松弛就是将本层次计算结果与上一层次结果的差值作适当减缩，以避免由于差值过大而引起非线性迭代过程的发散。用通用变量来写出时，有：

$$\phi_p = \phi_p^0 + \alpha \left(\frac{\sum\limits_{nb} a_{nb} \phi_{nb} + b}{a_p} - \phi_p^0 \right) \tag{1-30}$$

式中 ϕ_p^0——上一层次之解；

α——松弛因子。

将此式改写后可得：

$$\left(\frac{a_p}{\alpha} \right) \phi_p = \sum_{nb} a_{nb} \phi_{nb} + b + (1-\alpha) \left(\frac{a_p}{\alpha} \right) \phi_p^0 \tag{1-31}$$

作为最后求解的代数方程，其主对角元的系数是 $\left(\dfrac{a_p}{\alpha} \right)$ 而不是 a_p，作为代数方程源项的是 $\left[b + (1-\alpha) \left(\dfrac{a_p}{\alpha} \right) \phi_p^0 \right]$，而不仅仅是 b。这样代数方程求解所得的已经是亚松弛的解。这是目前许多研究者及商业软件中采用的做法。

1.4 网格技术

网格生成是流场数值计算的基础，是计算流体动力学的关键技术之一，网格质量的好坏对计算精度与稳定性的影响极大。

1.4.1　结构网格和非结构网格

网格分为结构网格和非结构网格。结构网格节点排列有序，以阵列形式排列，当给出了一个节点的编号后，立即可以得到其相邻节点的编号，与计算机语言自然匹配，便于矩阵演算与操作。结构网格就是网格拓扑相当于矩形域内均匀网格的网格，可以方便准确地处理边界条件，但在求解具有复杂几何形状的流场时，由于网格的节点排列有序，不能根据几何形状的变化对网格的疏密进行调节，对于工业应用经常遇到的复杂几何形状采用结构网格进行足够细致的网格划分很困难。

近年来，非结构网格技术在 CFD 领域得到了极大的关注，并得到较成功的应用。非结构网格与结构网格不同，节点的位置无法用一个固定的法则给予有序的命名，没有规则的拓扑结构，不受求解域的拓扑结构与边界形状限制，节点和单元的分布是任意的，具有良好的灵活性，并且便于生成自适应网格，能根据流场特征自动调整网格密度，对提高局部区域计算精度十分有利。非结构网格生成方法主要是两大类，即 Delaunay 的三角化法和阵面推进法。非结构网格的基本思想：三角形或四面体是二维或三维空间最简单的形状，任何空间区域都可以被三角形或四面体单元所填满，即任何区域都可以被以三角形或四面体的网格所划分。

非结构网格的特点有下列四个：

（1）对复杂外形边界流场网格划分适应能力强，很大程度上改善了对复杂边界逼近的程度，对奇异点的处理比较简单，同时网格生成的自动化程度较高。

（2）根据流场性质自由安排网格节点，即流场中的物理量变化剧烈处，节点就密集；对于物理量变化平缓处节点相对稀疏。

（3）随机的数据结构易于网格自适应，可以更好地捕捉流场的物理特性。

（4）采用非结构网格可以大大减少网格数目和网格生成的时间。

非结构化网格已成为目前 CFD 学科中的一个重要方向。对于非结构网格的应用也存在着一些难点，如具有三阶以上的高精度格式的应用仍是难点；对于不可压缩流场，压力耦合的求解比较困难等。非结构网格的无规则性也导致了在模拟计算中存储空间增大、寻址时间增长，多层网格技术用于非结构网格也有较多困难。

1.4.2　自适应网格技术

自适应网格技术的基本思想是用一定的准则进行网格的有效细化，而这些网格的细化或粗化的准则由误差确定，这些误差由合适的变量梯度来描述，且梯度变化越大所得到的网格就越细。自适应技术生成的网格可以随求解过程发生变化。

1.4.3 网格质量

网格质量的好坏直接影响着计算结果的正确性和精确性，质量太差的网格甚至会使计算中止。评定网格质量好坏的指标主要根据三个方面：节点分布特性、光滑性以及偏斜度。对于节点分布特性和光滑性还停留在定性的描述上。非结构网格的质量用偏斜度判断时，偏斜度与网格质量好坏的关系如表1-2所示。

表1-2　偏斜度与网格质量的关系

偏斜度（skewness）	网格质量	偏斜度（skewness）	网格质量
1	变性	0.25~0.5	好
0.9~1	差	0~0.25	优秀
0.75~0.9	较差	0	等边形
0.5~0.75	一般		

1.5　多相流模型

目前，多相流流动问题的处理通常选用欧拉-欧拉法和欧拉-拉格朗日法。相较于欧拉-拉格朗日法，欧拉-欧拉法引进了在时间和空间中连续的相体积率的概念。在Eulerian-Eulerian法中，把各分相看作相互连接的连续介质，一种相占有的空间不再被其他的相所占有，各相的相体积分率之和为1。CFD软件具有三种欧拉多相流模型：VOF(Volume Of Fluid)模型、混合物(Mixture)模型和欧拉(Eulerian)模型这三种模型都有各自的适用条件和设定方法。

1.5.1　VOF 模型

VOF 模型对流体动量方程的求解和计算域内各种相的容积比来对多种不能混合的流体进行数值模拟。运用动量方程的概念，使气相或者液相单相的体积分数在整个计算域中的每个计算单元内被跟踪。气液两相共用的数值方程可以利用相界面上适合的跳跃边界来求解。但是不同相界面之间一直存在着运动。因此，必须在相界面上施加边界条件[57]。为了避免这一边界问题，VOF 模型确立了各分相的运动并根据结果间接地推理出界面的运动。这样就防止了对相界面形变和运动过程的直接跟踪。在该模型中，所有的界面之间的力都被平缓的体积力所代替。

在 VOF 模型中每添加一相，都需要加入一个变量，就是该相在计算单元中的体积分数。在控制容积中，所有相的体积分数之和为1，所有的控制容积应该被单一相或多相的混合流体填充。模型中数值和变量都由所有相共享，在计算过程中数值与变量作为体积平均值。因此，单相或多相的混合流体中给定数值和变量都由体积分数分配决定。

如果在单元中的第 q 相流体的体积分数表示为 α_q，则有下面三种情况：

（1） $\alpha_q = 0$：该单元中没有第 q 相流体；

（2） $\alpha_q = 1$：该单元中充满第 q 相流体；

（3） $0 < \alpha_q < 1$：该单元中包含第 q 相流体和其他流体，即该单元为界面单元的值由求解体积分数连续性方程得到：

$$\frac{\partial}{\partial t}(\alpha_q \rho_q) + (\alpha_q \rho_q \overline{v_q}) = S_{a_q} + \sum_{p=1}^{n}(m_{pq} - m_{qp}) \tag{1-32}$$

式中，m_{pq} 为从 p 相传输到 q 相的质量转移，$\alpha_1 + \alpha_v = 1$ 为 q 相到 p 相的质量转移。默认情况下，等式右边的源项 S_{α_q} 是零，但是也可以指定为一个非零常数或者每一相自定义的质量源相。

多相流流动中，第一相的体积分数值并不通过求解式获得，而是由式（1-33）计算得到：

$$\sum_{q=1}^{n} \alpha_q = 1 \tag{1-33}$$

在 VOF 模型中，若只计算液态和气态两相，体积分数分别为 α_1 和 α_2，其值在 0~1 之间，体现了各向的分布，两者之和应为 1，即：

$$\alpha_1 + \alpha_2 = 1 \tag{1-34}$$

1.5.2 Eulerian 模型

Euler 方法又称双流体模型，在多相流数值模拟中使用最多。将两相流中的每一相都看成是连续介质，每一相在整体中的分布用该相体积分数表示，为了使本构方程组封闭，将每一单相的守恒方程引入本构方程，即为双流体模型。双流体模型对每一单相连续介质的数学描述及处理方法均采用欧拉方法，因此称为 Euler-Euler 方法。

欧拉模型在多相流数值模拟中使用最多，应用不同平均化技术，在单相流 N-S 方程的基础上可推导出多相流基本控制方程。常用的平均有空间平均、时间平均、系综平均等，不同平均化方法推导的控制方程略有差别。

在单相流数值模拟中，动量守恒方程和连续性守恒方程只有一套，方程容易封闭求解。而在多相流模型中，动量守恒方程和连续性守恒方程有多套，想要达到流动方程封闭的条件，必须引入额外的守恒方程。引入额外方程时，要修改原始设置，牵涉到多相体积分数和相间动量交换原理。

（1）体积分数（Volume Fractions）

体积分数代表每一相所占据的空间，以 α_q 表示。每一相均能够满足质量守恒和动量守恒定律。

q 相的体积 V_q 定义为

$$V_q = \int_V \alpha_q \mathrm{d}V \tag{1-35}$$

式中，$\sum\limits_{q=1}^{n} \alpha_q = 1$。

q 相的有效密度为：

$$\hat{\rho}_q = \alpha_q \rho_q \tag{1-36}$$

式中 ρ_q——q 相的物理密度。

（2）守恒方程（Conservation Equations）

q 相的质量守恒方程：

$$\frac{\partial(\alpha_q \rho_q)}{\partial t} + \nabla \cdot (\alpha_q \rho_q u_q) = \sum_{p=1}^{n} \dot{m}_{pq} \tag{1-37}$$

式中 u_q——第 q 相的速度；

$\dot{m}_{pq}$——从第 p 相到 q 相的质量传递。

从质量守恒方程可得：

$$\dot{m}_{pq} = -\dot{m}_{qp} \tag{1-38}$$

$$\dot{m}_{pp} = 0 \tag{1-39}$$

q 相的动量守恒方程：

$$\frac{\partial(\alpha_q \rho_q u_q)}{\partial t} + \nabla \cdot (\alpha_q \rho_q u_q u_q)$$

$$= -\alpha_q \nabla p + \alpha_q \rho_q g + \nabla \cdot \tau_q + \sum_{p=1}^{n} (R_{pq} + \dot{m}_{pq} u_q) + \alpha_q \rho_q (F_q + F_{\text{lift},q} + F_{\text{vm},q}) \tag{1-40}$$

式中 u——速度矢量；

α——体积分数；

下标 q——主相；

下标 p——分散相；

F_q——外部体积力；

$F_{\text{lift},q}$——升力；

20

$F_{vm,q}$——虚拟质量力；

p——所有相共享的压力；

R_{pq}——相之间的相互作用力；

τ_q——第 q 相的压力应变张量，

$$\tau_q = \alpha_q \mu_q \left(\nabla u_q + \nabla u_q^T \right) + \alpha_q \left(\lambda_q - \frac{2}{3} \mu_q \right) \nabla \cdot u_q I \tag{1-41}$$

式中　μ_q 和 λ_q——q 相的剪切和体积黏度；

u_{pq}——相间的速度，定义如下：

如果 $\dot{m}_{pq} > 0$（即相 p 的质量传递到相 q），$u_{pq} = u_p$；

如果 $\dot{m}_{pq} < 0$（即相 q 的质量传递到相 p），$u_{pq} = u_q$；

则 $u_{pq} = u_{qp}$。

方程必须有相间作用力使 R_{pq} 封闭。这取决于内聚力、压力、摩擦等因素，并满足条件 $R_{pq} = -R_{qp}$ 和 $R_{pq} = 0$。

使用下面形式的相互作用项：

$$\sum_{p=1}^{n} R_{pq} = \sum_{p=1}^{n} K_{pq} \left(u_p - u_q \right) \tag{1-42}$$

式中　$K_{pq} (= K_{qp})$——相间动量交换系数。

经过系统平均，双流体模型基本可以描述流场中所有尺度的流动。此外，它还包含了大量比系综平均尺度大的流动信息。通常来说，直接离散求解上述方程，计算量仍然非常巨大。通常需要采用雷诺平均方法对方程进行时均化处理。方程中包含了多个脉动量相关项，求解双流体模型需要对相间作用力以及雷诺应力进行封闭。

1.5.3　Mixture 模型

Mixture 模型是 Eulerian 多相流模型的简化，用于建立有不同折算速度的多相流模型。但是，假如相在短空间尺度上有部分的平衡，相与相之间具有很强的耦合作用，Mixture 模型也用来模拟具有剧烈耦合作用的多相流以及各分相都以同样折算速度运动的流体流动。Mixture 模型主要用来处理能量方程、连续性方程以及第二相体积分数方程的功能。

1.6　气液两相作用力模型

双流体模型模拟气液两相流需要额外的相间作用力封闭模型。相间作用力模型包括曳力模型、升力模型、湍流扩散力模型、虚拟质量力模型和液体表面张力模型。所有相间作用力均源于相界面上不均匀压力和应力分布。液滴在均匀气相速度场中定常运动时，仅受到曳力作用。当液滴相对于气相加速运动时，液滴还受到虚拟质量力。若液滴在非均匀速度场中运动，还会有升力作用。由于液相湍流脉动，液滴在湍流扩散力作用下发生脉动扩散。各种作用力模型介绍如下。

1.6.1　曳力模型

曳力(即阻力)是最大的相间作用力分量，因液滴与周围流体的相对运动而产生，正确计算曳力作用是气液两相流模拟的关键(图1-2)。计算阻力需要求解阻力系数和液滴尺寸。在双流体模型中，阻力系数有三种处理方式：忽略液滴之间相互作用和液滴形变，采用球形单液滴阻力系数；考虑液滴形状变化，但忽略液滴之间相互作用，对圆球阻力系数模型进行修正，如引入形状因子；考虑液滴之间的相互作用，假定液滴群阻力系数为气含率的函数。对于液体流较为常用的有 Tomiyama 模型，综合考虑不同尺度、不同形状液滴的作用力，其表达式为：

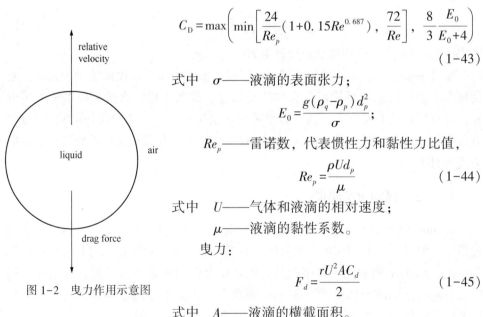

$$C_D = \max\left(\min\left[\frac{24}{Re_p}(1+0.15Re^{0.687}),\ \frac{72}{Re} \right],\ \frac{8}{3}\frac{E_0}{E_0+4} \right)$$

$$(1-43)$$

式中　σ——液滴的表面张力；

$$E_0 = \frac{g(\rho_q - \rho_p)d_p^2}{\sigma};$$

Re_p——雷诺数，代表惯性力和黏性力比值，

$$Re_p = \frac{\rho U d_p}{\mu}$$

$$(1-44)$$

式中　U——气体和液滴的相对速度；

μ——液滴的黏性系数。

曳力：

$$F_d = \frac{rU^2 A C_d}{2}$$

$$(1-45)$$

式中　A——液滴的横截面积。

图1-2　曳力作用示意图

1.6.2　升力模型

升力模型在气液二相流数值模拟过程中情况比较复杂(图1-3)。液滴在气体中运动会产生多种类型的升力：液滴因旋转产生 Magnus 升力，Saffman 升力是因

为气流相对速度梯度产生，同时液滴的变形也会受到升力的作用。升力模型是使液滴产生径向运动并扩散的关键。

升力随液滴尺寸及速度梯度发生改变。可以预见：当气速较高时，因聚合与破碎液滴尺寸存在较宽分布，其中大液滴向主流聚集，小液滴则趋于分散，形成抛物形含液率分布。Saffman Mei 的升力模型见公式：

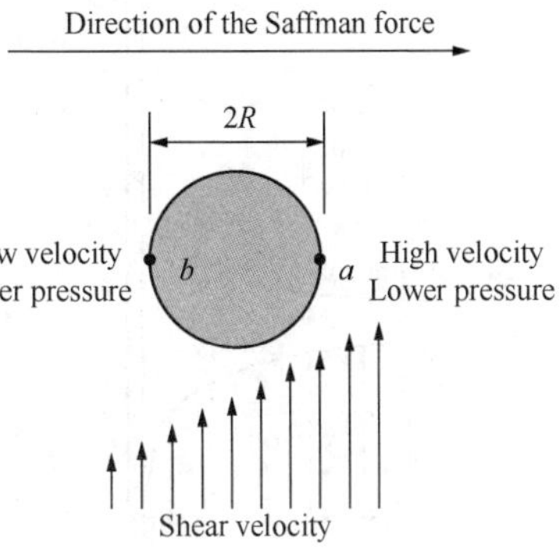

$$C_L = \frac{3}{2\pi\sqrt{Re_\omega}}C_L' \qquad (1-46)$$

Direction of the Saffman force

图 1-3　升力作用示意图

$$Re_\omega = \frac{\rho_q d_p^2}{\mu_q}\omega_q \qquad (1-47)$$

$$C_L' = \begin{cases} \left(1-0.3314\sqrt{\dfrac{1}{2}\dfrac{Re_\omega}{Re}}\right)e^{(-0.1Re)}+\left(0.3314\sqrt{\dfrac{1}{2}\dfrac{Re_\omega}{Re}}\right); & \text{for：} Re \leqslant 40 \\ \left(0.0524\sqrt{\dfrac{Re_\omega}{2}}\right); & \text{for：} 40 < Re \leqslant 100 \end{cases}$$

$$(1-48)$$

式中　Re_ω——分散相雷诺数；
　　　ω_q——旋转角速度。

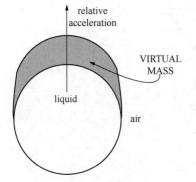

图 1-4　虚拟质量力作用示意图

1.6.3　虚拟质量力模型

当液滴加速运动时，由无滑移条件可知液滴附近的部分流体将被加速，由此产生的作用力称为虚拟质量力或附加质量力（图 1-4），虚拟质量力的表达式为：

$$f_{VM} = C_{VM}\alpha_p\rho_q\left(\frac{du_q}{dt}-\frac{du_p}{dt}\right); \quad C_{VM} = 0.5 \quad (1-49)$$

式中　C_{VM}——经验常数，通常为 0.5。

1.6.4　湍流扩散力模型

湍流扩散力是促使液滴分散的又一重要的相间作用力，与动量方程中的脉动速度及相含率（即体积分数）有关（图 1-5）。研究表明：与液滴尺寸同一量级的

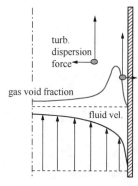

图 1-5　湍流扩散力示意图

湍流涡体对液滴的卷吸、夹带起决定作用，控制液滴的分散。湍流扩散力计算公式为：

$$F_{TD} = C_{TD} \rho_q k_q \nabla \alpha_p \qquad (1-50)$$

1.6.5　液体表面张力模型

表面张力是指液体表面任意两相邻部分之间垂直于它们的单位长度分界线相互作用的拉力。表面张力是流体中分子之间的引力相互作用的结果，表面张力的形成与液体表面薄层内的分子的受力状态有关。在室温（20℃左右）下，水的表面张力为 0.075N/m。

取一边长为 dL_1、dL_2，曲率不为 0 的面元（图 1-6），则表面张力 T 的合力在曲面法线方向有分量，表面两侧应有与之平衡的压差。压差和表面张力之间的关系由下列拉普拉斯公式给出：

$$\Delta p = \sigma (R_1^{-1} + R_2^{-1}) \qquad (1-51)$$

式中　Δp——曲面两侧的压强；

R_1、R_2——曲率半径，凹面上的压力总是大于凸面上的压力。

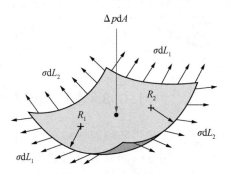

图 1-6　液体表面张力示意图

第2章　旋流分离器流动特性研究

传统技术在对采出液的处理中尽管有着效果好、一次处理量大等优点，但不可避免的缺点是它所占容积大、分离时间长、操作不便利等。所以，对于能够实现快速、高效分离的新形式分离设备的需求越来越迫切，而旋流分离器与其他的分离技术相比，拥有更加优良的性能，不仅节约了人力和成本，而且分离时间短、效率高。

目前国内对于三相旋流分离器的研究大多集中在对于气-液-固或者液-液-固的模型设计和实验，针对油-气-水三相分离旋流器的略少，且对于气-液分离腔大多是采用圆柱管式，而且分离二段的油水分离腔内流场复杂，对于油相的分离效率低，所以本章对这一情况进行了探究和改进，使气体和油都能达到较高的分离效率，并且组合形成一种全新的一体化油气水三相旋流分离设备。

本章对三相旋流分离器的结构进行探索，分别对分离一段气-液旋流分离器、分离二段液-液旋流分离器的结构进行设计，并且结合计算流体动力学分析方法进行探讨，对单级的模型结构进行初步确定；使用 CAD 软件进行结构绘图，进行网格划分，最后使用 CFD 程序模拟，对分离一段和分离二段所选出的各种方案进行模拟分析得到最优的结构参数；分别通过对分离一段、分离二段研究其内部的速度曲线和静压曲线分析内流场的变化及通过不同截面的气相、油相浓度分布云图来分析其分离特性；对优选得到的分离一段、分离二段结构进行组合并串联设计出一种新的三相分离器，并对组合好的结构进行模拟，从而确定本分离器适用的最优含油、含气比率。

2.1　水力旋流器的特征参数

旋流分离器有许多特征参数。对于除油水力旋流器，这些参数主要为处理量、分流比、分离效率、压力降及压降比等。

2.1.1　处理量

总流量 Q_i 即为旋流器的入口所进的混合液的总含量。入口处的处理量也不能随意改动，必须有其模型所适用的范围，过小的处理量进入腔体后产生的加速度小，速度缓慢导致离心力低，不能产生强烈的旋转，这样对于油相的排出很不利；但是处理量过大也不行，会使得液滴破裂，从而对流场造成干扰，更加不利于油相的排出。

按照质量守恒理论，出口的总和与入口相等，那就意味着从底流口出来的水相和从溢流口排出的油相之和为入口的处理量。用公式表示即为：

$$Q_i = Q_o + Q_u \qquad (2-1)$$

式中　Q_o——溢流口流量；

　　　Q_u——底流口流量。

水力旋流器还有除水型和除油型之分，因为使用途径不一样，所以两者的结构也会有轻微差别。除油型的溢流口为油相出口处，与除水型溢流口出水不同，油相毕竟占比较少的，所以溢流口的直径比起除水型要小。

2.1.2　分流比

分流比一般用来表示出口和入口的流量间的比例，其反映了不同出口所占进口流量的比值，所以分为溢流口分流比和底流口分流比两种。溢流口分流比如下式：

$$F = Q_o / Q_i \qquad (2-2)$$

$$F = Q_u / Q_i \qquad (2-3)$$

一个旋流分离装置的性能优劣与否，主要从以下两点进行分辨：

（1）分离效率：是衡量一个分离装置好坏的第一参数。

（2）分流比：以污水除油为例，既要求溢流口排出的油相要纯净，又要求底流口排出的水中含油要少，不然还是会有第二次分离的潜在问题，不仅浪费了资源也对经济造成了损失。

2.1.3　分离效率

本章研究的结构为串联式一体化油-气-水旋流分离器，该模型的物理意义在于同步实现对于气体、油和水的同步分离，所以通过对比各相的分离效率来进行优选；使用除气效率和除油率对气体和油的分离进行评价。以下是除油率的公式，除气率类比除油率算法。

（1）除油率

从轻质相的净化程度来看，可以将除气率看作从分离一段所排出的气相的质量流量与入口混合液中总的含气流量相比即为除气率；除油率则为分离二段溢流口排出的油相的质量流量与入口处的含油质量相比。下式为计算公式：

$$\eta_m = m_o / m_i \qquad\qquad (2-4)$$

式中　η_m——除油率；

　　　m_o——代表溢流口排出的中油相质量；

　　　m_i——进口处混合液中油相质量。

按照物料守恒理论，出口的总和与入口相等，那就意味着从底流口出来的水的总质量和从溢流口排出的油的总质量之和为入口的总质量。用公式表示即为：

$$m_i = m_o + m_u \qquad\qquad (2-5)$$

式中　m_u——底流管排出的油相质量。

除油率 η_m 还可以用含有更多参数的公式来表达，用不同的表示方法来进行组合以达到同一目的，表达式如下：

$$\eta_m = \frac{m_o}{m_i} = \frac{Q_o C_o}{Q_i C_i} = \frac{Q_i C_i - Q_u C_u}{Q_i C_i} = 1 - \frac{Q_u C_u}{Q_i C_i} = 1 - (1-F)\frac{C_u}{C_i} \qquad (2-6)$$

式中　C_i——溢流口的含油浓度；

　　　C_u——底流口的含油浓度。

从公式(2-6)可以看出，影响除油率的除了 C_i、C_u、M_o、M_u 还有 F，所以不能仅靠单一数据的说明来判断除油率、除气率的好坏。

若进口和各个出口的 C 相同，即该装置不起作用，这时旋流器的除油率假设为 0，代入公式(2-6)中，此时除油率的公式应表示为：

$$\eta_m = 2 - (2-F) = F \qquad\qquad (2-7)$$

这就说明此时的除油率等于 F，表明了当 F 很大时，除油率与现实的效果会有很大差别。

如果只想要通过除油率来对旋流器的性能进行对比，则需要忽略 F 造成的误差，此时需应用简化效率 η_j。

（2）简化效率

简化效率的表达式如下：

$$\eta_j = \frac{\eta_m - F}{1 - F} \qquad\qquad (2-8)$$

式(2-8)体现出：当 $\eta_m = F$ 的时候，$\eta_j = 0$；当 $\eta_m = 1$ 时，$\eta_j = 1$。

将公式代入简化效率公式，得到：

$$\eta_j = 1 - C_u / C_i \qquad\qquad (2-9)$$

式(2-9)体现了实际的分离效果，是表达分离效率的最好方式。

由式(2-9)可以明显看出，变化后没有 F 的存在，为了能够对其处理效果全方位考虑，所以引出综合效率这一概念。

（3）综合效率

$$\eta = \frac{Q_o}{Q_i}\left(\frac{1-C_o}{1-C_i} - \frac{C_o}{C_i}\right) = (1-F)\frac{1}{1-C_i}\eta_j = K(1-F)\eta_j \qquad (2-10)$$

$$K = 1/(1-C_i)$$

由式（2-10）可以得出：对 η 能产生影响的分别有 F、η_j 和 C_i。一般情况下，当 $F>C_i$，则除油率会增加，$\eta<\eta_j$；当规定 η 和 C_i 不改变时，若 F 增大，η 减小。

（4）压力降

旋流分离器的压力降 ΔP 由溢流口压力降和底流口压力降两部分组成，表达方式如下：

底流压力降为：

$$\Delta P_u = P_i - P_u \qquad (2-11)$$

溢流压力降为：

$$\Delta P_o = P_i - P_o \qquad (2-12)$$

式中　P_i——进口处的压力值，Pa；

　　　P_u——底流口处的压力值；

　　　P_o——溢流口处的压力值。

因为混合液中含水率高于油相，所以底流口的压力降格外重要。当分离效率一定时，则要通过比较压力降来进行优选。压力降越低则效果越好，对机器的损伤也越小，本章中所提到的所有压力降均为 ΔP_u。

（5）压降比

压降比为 ΔP_o 与 ΔP_u 的比值，如式（2-13）：

$$PDR = (P_i - P_o)/(P_i - P_u) \qquad (2-13)$$

PDR 的确定对于旋流器分离效率带来影响，但主要对其产生影响的参数为溢流口的直径、分流比，它与 Q_i 无关。

2.2　分离一段旋流分离器的数值模拟

2.2.1　模型建立及对比方法

2.2.1.1　模型的建立

通过上述比较选择，现对模型进行更加细致的设计，表 2-1 中所列举的尺寸使用网格剖分软件进行结构建模，最后形态如图3-9所示。

表2-1　分离一段各部分尺寸表　　　　　　　　　　　　　mm

公称直径 D	排气口直径 D_x	插入深度 L_c	圆柱段高度 h	锥段高度 $H-h$	排液口直径 B_c	总高度 H
80	25	40	120	200	20	280

　　由于结构性网格相对于非结构性网格来说，具有计算速度快、精度高、收敛性强等优点，所以本章选用六面体结构性网格对目标旋流器进行网格划分。

　　数值模拟计算的精度会随着网格质量的提高而上升，网格质量过低会导致计算精度下降，导致数值模拟结果失去了准确性甚至于无法进行计算。虽然增加网格的数量会提高计算精度，但同时也会增加计算时间和计算量。当计算精度提高到一定程度时，不会影响计算结果。也就是说，当网格数量增加到一定值时，计算精度不再变化。因此，为了确定一个合适的网格数值范围，通过数值模拟选择几个数值，并设置一个或多个比较参数来确定最适合模型模拟的网格数值范围。在对网格进行无关性检验过程中，选择油相分离效率作为标准，通过分析对比得到一个合适的网格等级，避免在数值模拟中花费过多的时间，同时保障数值模拟精度。本章对旋流器的网格划分主要分为4种等级，具体等级及数量如表2-2所示。

表2-2　不同等级网格划分数量

网格等级	Level-1	Level-2	Level-3	Level-4
网格数量	5万	8万	10万	12万

　　图2-1为4种数量网格下的除油效率折线图，由此来进行无关性检验。从图中可以看出，Level-1时除油率最低，随着等级的升高除油效率也随之升高，但是在Level-2处达到了顶峰，Level-2~Level-4的变化趋于平衡。这就说明了网格数量的增加会对分离效率产生明显的影响，但是网格数量过多不仅增加了运算时间甚至会使分离效率降低。最终通过对比，网格数量

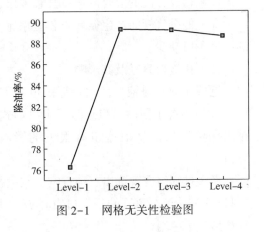

图2-1　网格无关性检验图

在 8 万左右时分离效率最好，如图 2-2、图 2-3 所示。

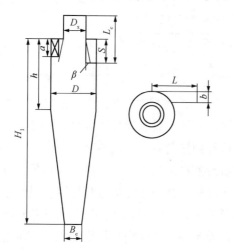

图 2-2　分离一段结构示意图　　　　图 2-3　分离一段网格划分

2.2.1.2　方法对比

（1）排气口直径及其影响

排气口的直径是影响气液分离旋流器的重要结构尺寸之一，排气口直径的增大可以使排气口的流通面积增大，从而使更多的气相从排气口顺利排出。对于排气式旋流器，Fontein 等人认为排气口的大小会直接对内部气柱有直接影响。

（2）排气管插入深度的影响

排气管插入深度对一个排气装置的影响不可忽略，插入深度过浅会使进入腔体还没来得及分离的混合液从排气管溢出，排气率减小；深入尺寸过长会使得顶部和深入的排气管间产生循环流和短路流，同样影响除气率。所以，对这一参数的探究不可缺少。

（3）排液口直径及其影响

近些年对与排液口的出口形式也有了很多的改进，从轴向出口变为切向出口，甚至还有了同向出口。除了出口形式之外，排液口的直径对于液体的顺利排出和排气口的携液率也有很大的影响，所以选取不同的排液口直径进行分析。

经过排列组合现选出三种方案，在大径和分离器高度不变的情况下分别对柱锥状气-液旋流分离器的排气口直径 D_x、排气管插入深度 h_c、排液口直径 B_c 进行模拟（表 2-3）。

表 2-3　分离一段方案制定表　　　　　　　　　　　　　　mm

	大径 D_0	排气口直径 D_x	排气管伸入长度 h_c	排液口直径 B_c	下锥段长度 $H-h$	圆柱段长度 h
方案一	80	20 / 25 / 30	40	20	200	120
方案二	80	25	40 / 50 / 70	20	200	120
方案三	80	25	50	12 / 15 / 20 / 25	200	120

　　选取分离一段排液口处为高度基准($Z=0$)，以分离一段排气口方向为高度正方向，分别选取了在结构上对分离产生影响的三个截面作为分析截面。其中，截面 $Z_1=50mm$、截面 $Z_2=100mm$、截面 $Z_3=150mm$、截面 $Z_4=200mm$。

2.2.2　方案一模拟结果分析

　　探究了排气口直径的影响后，方案一排气口直径分别设计为 $D_x=20mm$、$D_x=25mm$、$D_x=30mm$，三种情况探讨它对于内流场等产生的影响。

2.2.2.1　压力分布

　　由图 2-4 的纵截面压力云图可以看出，腔体外侧压力最高，越往中心处压力逐渐降低，压差越大证明腔体内部的压损逐渐在增大。

　　由图 2-5 截面 Z_2 上的压力分布云图可以看出，三幅中 $D_x=20$ 时的压差是最大的，$D_x=30$ 时最高压力在三个之中最小，意味着随着排气口直径的增大，压力梯度逐渐减小。

2.2.2.2　气相体积分布

　　通过比较其纵向截面上的含气量分布云图(图 2-6)，分析 D_x 的变化对于除气率的影响。从方案一的三种 D_x 参数的分离器含气量云图(图 2-7)来看，排气口处的含气率呈现出随尺寸增大逐渐降低的特征。这是由于排气口尺寸过大使得气相出口的携液率升高，导致气相浓度降低，旋流器下部及底流口的气相浓度逐渐减小。

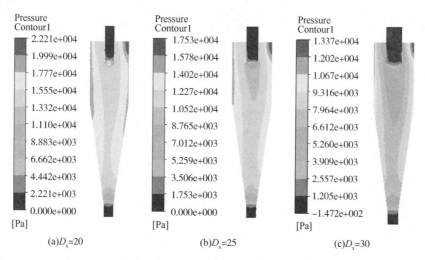

(a)D_x=20   (b)D_x=25   (c)D_x=30

图 2-4　纵截面压力分布云图

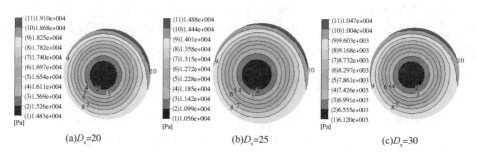

(a)D_x=20   (b)D_x=25   (c)D_x=30

图 2-5　截面 Z_2 处压力分布云图

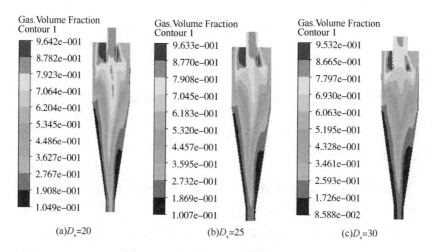

(a)D_x=20   (b)D_x=25   (c)D_x=30

图 2-6　纵向截面气相浓度分布云图

32

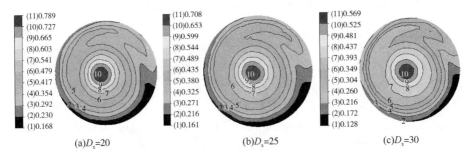

(a)$D_x=20$　　　　　(b)$D_x=25$　　　　　(c)$D_x=30$

图 2-7　截面 $Z_3=150$mm 处气相浓度分布云图

从排气口的气相体积分数（图 2-8）可以看出，排气口的气体都呈现出中间高、两边低的趋势，但随着排气口直径的增大，排气口的气相含量明显降低，而且排气口过大或者过小都会对曲线的对称性造成影响。可以看出，在排气口 $D_x=25$mm 时的曲线分布最为对称。

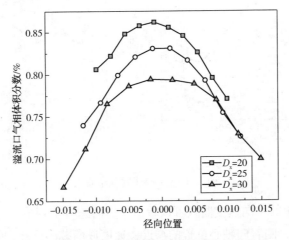

图 2-8　径向位置排气口气相体积分数分布曲线

2.2.2.3　速度分布

图 2-9 分别为三种分速度在截面 Z_2 和截面 Z_3 的趋势线。这三组参数可以很好地体现分离器内流场的变化规律，反映出流场内涡运动，是很重要的参数数据。

由图 2-10 的轴向速度分布曲线可以看出，轴向速度的分布都出现了中间高两边低的态势，在截面 Z_2 处的轴向速度分布比较小。说明，旋流器的内部并没有形成强旋流。随着排气口尺寸的增大，若以气体出口为正方向，则轴向速度在中心处呈现凸起，意味着气相的移动，而在两侧则为液体向下流动。

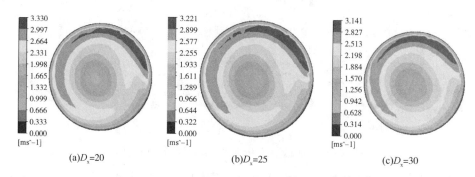

(a)$D_x=20$ (b)$D_x=25$ (c)$D_x=30$

图 2-9　截面 Z_3 处速度分布云图

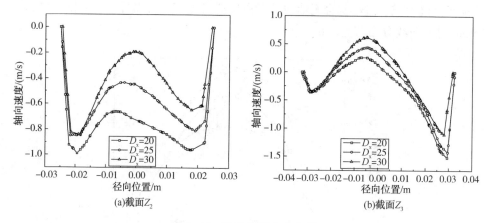

(a)截面Z_2 (b)截面Z_3

图 2-10　轴向速度分布曲线

由图 2-11 中的切向速度曲线可以看出，切向速度呈现 M 形，这是由于壁面两边的速度为零，随着向轴心位置的靠近，速度逐渐减小，在中心两侧存在最大值，并且切向速度的最大值在 $D_x=20$ 时最大，在 $D_x=30$ 时最小，理论上切向速度越大越有利于分离。

2.2.2.4　压降和分离效率

从图 2-12 的压力降图来看，呈现递减趋势，图 2-13 的除气率柱状图来看，其呈现出递增的趋势。意味着溢流口尺寸越小内部液体聚集导致压降增大，不利于气体排出使得除气率变差。所以综合考虑，选取 $D_x=25$mm 为最优的溢流口尺寸参数。

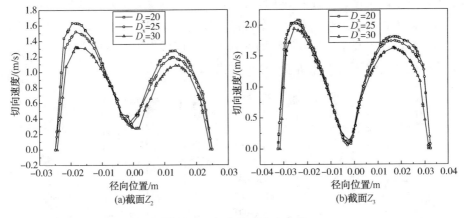

图 2-11　切向速度分布曲线

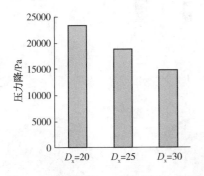

图 2-12　不同排气口直径的压力降图

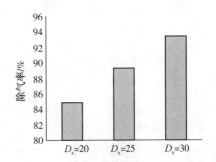

图 2-13　不同排气口直径下的除气率

2.2.3　方案二模拟结果分析

排气管的插入深度会对腔内的旋流运动产生干扰，插入过短会使得进入的流体还没很好分离开来就已经从上端排出；插入太深则在分离装置顶端产生内涡旋，也不利于轻质相的排出。所以对排气管插入深度的优选显得格外重要，这直接影响了气体的分离能力。

方案二在方案一优选的排气口直径下，保持主直径等不变，只改变排气管的插入深度，分别为 $h_c = 40\text{mm}$、$h_c = 50\text{mm}$、$h_c = 70\text{mm}$，得到压力、速度及气相浓度分布。

2.2.3.1　压力分布

分离一段纵截面和横截面上的压力图如图 2-14 和图 2-15 所示，最高压力值呈现先减后增的变化，结合上节规律可以得出插入深度对压力的分布会产生很大的影响，插入程度越深静压力也逐渐升高，插入深度增加分离器的压力曲线在不同截面上都出现了减小，但是继续加深到一定程度后，压力不再变化，中心处的压力低于两侧，静压力高有利于气体的排出。

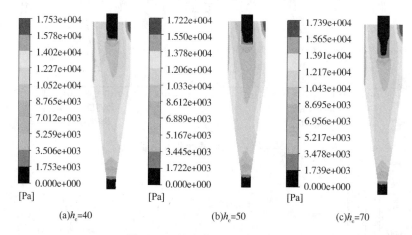

图 2-14　纵向截面压力分布云图

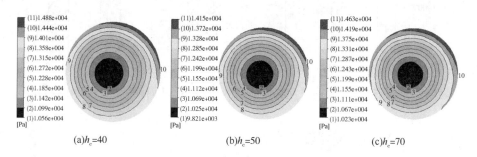

图 2-15　截面 Z_3 处压力分布云图

2.2.3.2　气相体积分布

分离一段纵截面和横截面上的压力图如图 2-16 和图 2-17 所示，由截面 Z_3 处的含气率可以看到，中心处的含气量最高，依次向两边递减，插入长度的增加使得气相的积聚减弱，轴心处的浓度降低。从图 2-18 排气口处的含气率曲线也可以看出，插入长度在 35mm 和 40mm 的时候含气率基本相同，插入长度在增加到 70mm 时的曲线就出现了紊乱和偏差，这证明内部的扰流已经十分严重，气相在出口处反映了排气不均的现象。这也证明，排气管插入深度的增加确实会对排气产生更好的效果，但是过度增加反而会适得其反。

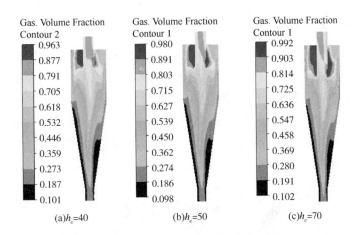

图 2-16 纵向截面气相浓度分布云图

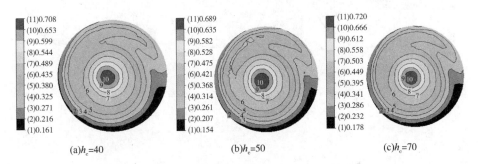

图 2-17 截面 Z_3 处气相浓度分布云图

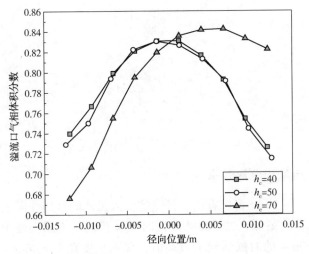

图 2-18 不同排气管插入长度条件下排气口气相体积分数

2.2.3.3 速度分布

由速度分布图(图 2-19、图 2-20)中曲线可以看出,排气管的插入深度在图 2-21 上基本无变化。轴向速度的最大值随着插入尺寸在发生着细微的变化(图 2-22)。中心处的最大速度也随之增加,在 $h_c = 50$ 和 $h_c = 70$ 时基本一致,意味着气相在中心处形成的气柱在向上运动排出时,排气管插入越深除气率越高,轴向速度也越大,但是继续加深则不再发生变化。但是随着溢流管的深入长度增加,径向速度在逐渐增大。

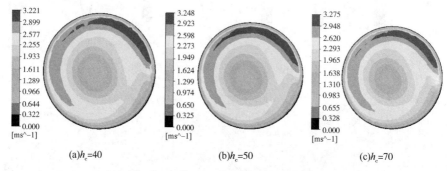

(a)h_c=40   (b)h_c=50   (c)h_c=70

图 2-19 截面 Z_3 处气相速度分布云图

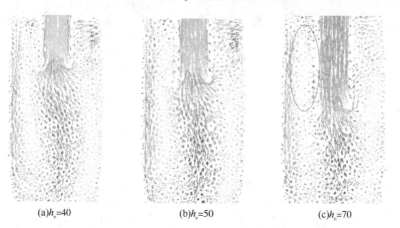

(a)h_c=40   (b)h_c=50   (c)h_c=70

图 2-20 轴向截面下的局部速度矢量分布图

2.2.3.4 压降和分离效率

由图 2-23、图 2-24 可以看出,排气管插入尺寸的增加伴随着压力降低,压力降在 $h_c = 50mm$ 时最低,也就意味着此时该装置的压力损失越小;除气率在插入深度为 $h_c = 50mm$ 的时候达到了最高值;深入长度在 $h_c = 40mm$ 处时压力降达到了最大值,压力损失最高。综合对比,所以深入长度选择 $h_c = 50mm$。

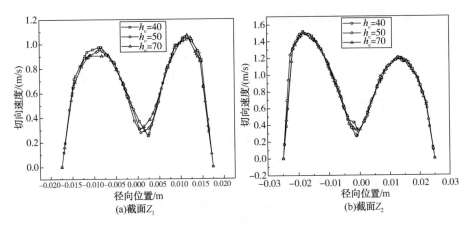

图 2-21　切向速度分布曲线

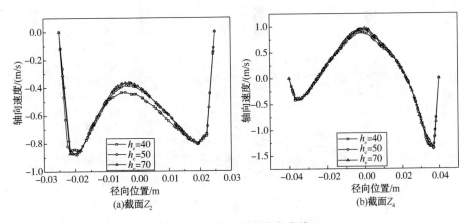

图 2-22　轴向速度分布曲线

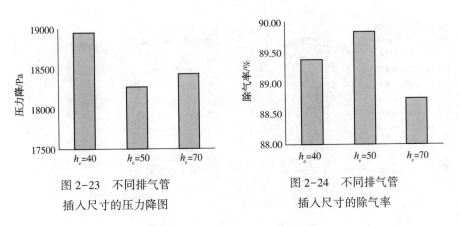

图 2-23　不同排气管
插入尺寸的压力降图

图 2-24　不同排气管
插入尺寸的除气率

2.2.4 方案三模拟结果分析

方案三在其他参数不变的情况下，改变排液口的直径，底流口的直径分别为 $B_c = 12$、$B_c = 15$、$B_c = 20$、$B_c = 25$，得到压力、气相体积分布、速度图。

2.2.4.1 压力分布

图 2-25 和图 2-26 为分离一段不同纵截面和横截面上的压力分布云图。由图可知，排液口直径过小，压力损失增大，随着排液口直径的减小，径向压力逐渐增加。径向压差对分离器的除气率有很大影响，压力降越大，越有利于旋流分离。可以看出，排液口直径为 30mm 时候的压力梯度最大最有利于分离。

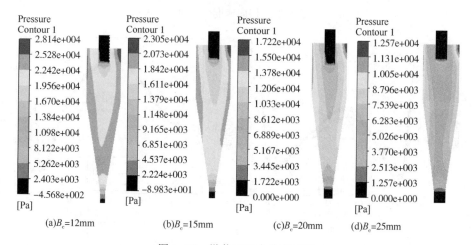

图 2-25　纵截面压力分布云图

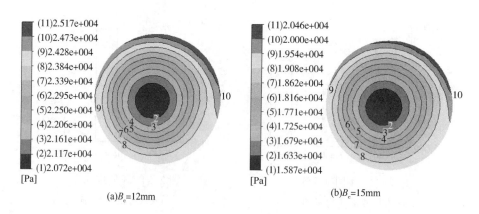

图 2-26　截面 Z_3 处压力分布云图

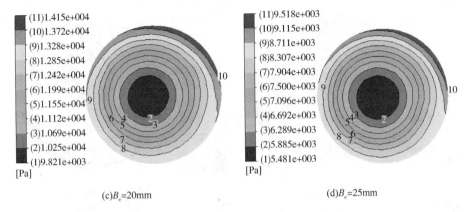

(c)B_e=20mm   (d)B_e=25mm

图 2-26　截面 Z_3 处压力分布云图(续图)

2.2.4.2　气相体积分布

图 2-27 和图 2-28 分别为分离器的含气率云图和排液口截面的气相体积分数。由图 2-29 可以看出，随着排液口直径的增加，排液口处气相体积分数也在不断提高，旋流分离器壁面上的液体也在逐渐减少；分离一段排液口尺寸的减小对于气体的分离是有益的，且排液口半径为 B_e=20mm 时可达最优。

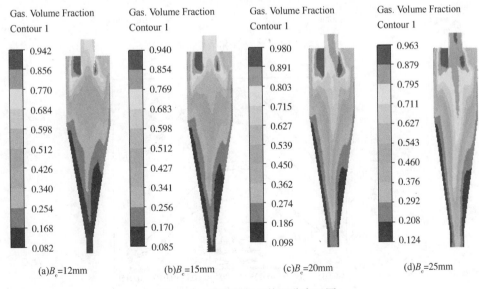

(a)B_e=12mm   (b)B_e=15mm   (c)B_e=20mm   (d)B_e=25mm

图 2-27　纵截面气相体积分布云图

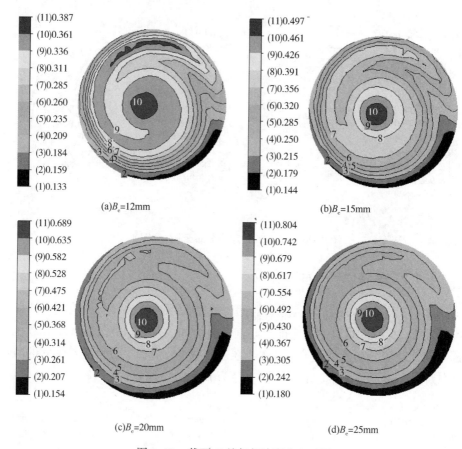

图 2-28　截面 Z_3 处气相浓度分布云图

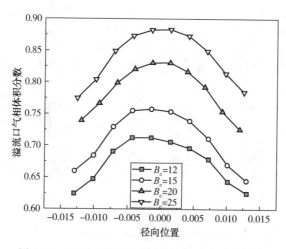

图 2-29　不同底流口直径的排气口气相体积分数

2.2.4.3 速度分布

图 2-30 为截面 $Z_3 = 150\text{mm}$ 处速度标量分布云图，可以发现速度整体呈外高内低的趋势。而从速度矢量的角度，切向速度在数值上大于另外两个分速度，它也是产生离心力的原因。所以切向速度的大小可以用来衡量分离效果的好坏。切向速度在曲线上的呈现形式都有两个峰值，这是由于内涡流和外涡流相互交杂构成的复合涡所造成，这就是 Ranking vortex。

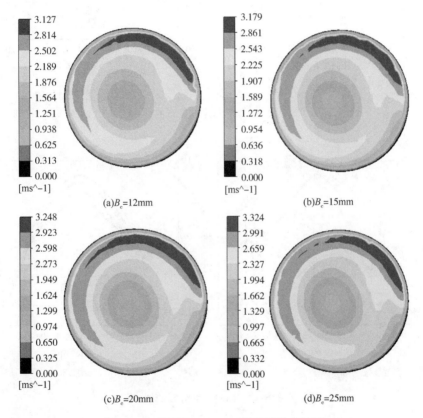

图 2-30　截面 $Z_3 = 150\text{mm}$ 处速度分布云图

图 2-31 中，两个截面上的切向速度都呈现出"M"形。切向速度的大小至关重要，它代表了离心力的大小，尽管截面的高低不同，但仍能看出切向速度随着排液口直径的增大而减小，排液口过大使得流体在腔体内产生的离心力减小，旋转强度变弱，分离效率降低，所以排液口直径不宜过小。

由图 2-32 的轴向速度分布图可以看出，随着排液口直径的增大，越靠近轴心处的轴向速度呈现出减小的趋势，并且越靠近中心，轴向速度越大。

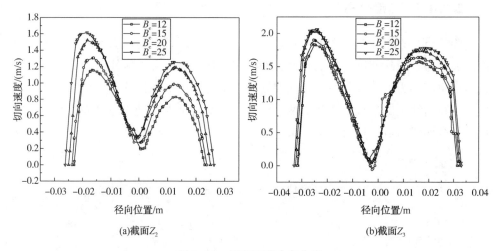

(a)截面Z_2 (b)截面Z_3

图2-31 切向速度分布曲线

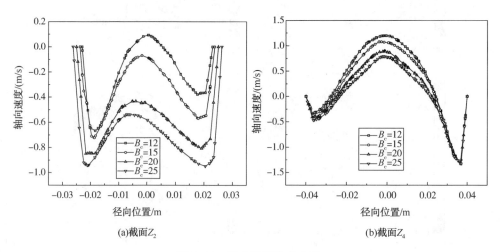

(a)截面Z_2 (b)截面Z_4

图2-32 轴向速度分布曲线

2.2.4.4 压降和分离效率

由图2-33、图2-34可知，压降大小随排液口直径变大逐渐递减，气相的分离效率在排液口直径 $B_c = 12mm$ 的时候达到了最高值，排液口直径在 $B_c = 12mm$ 处时压力降达到了最大值，压力损失最高，即意味着排液口直径越小，流体越难排出导致内部的压力降增加，同时也因为排液口过小使得流体都由排气口溢出，所以排液口直径不宜过小。综合对比，排液口直径选择 $B_c = 15mm$。

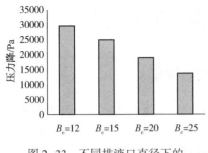

图 2-33　不同排液口直径下的
压力降图

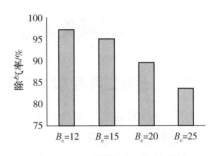

图 2-34　不同排液口直径下的
气相分离效率

2.2.5　小结

通过对分离一段圆柱型和柱锥型两种类型的气液旋流分离器在同等条件下进行数值模拟，选取出了分离效果较好的柱锥型作为分离一段的基本结构。并且针对初始模型的不足，从排气口直径、排气管的插入深度、排液口直径的影响三种方案进行模拟分析：

对方案一排气口直径大小 D_x 的模拟发现，随着排气口直径的增加，压力降的值逐渐变小，排气口处的含气率增大，除气率增加。经过对比发现，排气口直径为 $D_x = 25\text{mm}$ 时除气效果最佳，优选其为方案一的最优结构参数。

对方案二排气管的插入深度 h_c 模拟发现，排气管插入深度的加深可以使得原本的短路流得到削弱，在排气管的插入深度的深入下，压力降呈现出了先降低后增加的趋势。除气率在插入深度为 $h_c = 50\text{mm}$ 的时候达到了最高值，优选其为方案二的最优结构参数。

对方案三排液口直径 B_c 模拟发现，切向速度呈现出典型的"M"形，切向速度随着排液口直径的增大而减小，排液口过大使得流体在腔体内产生的离心力减小，旋转强度变弱，分离效率降低，所以排液口直径不宜过小；压力降和除气率都随着排液口的增大而减小。综合对比，排液口直径选择 $B_c = 15\text{mm}$ 时为最优结构。

通过优化分析，使分离一段排气口的含气率增加，除气率得到了提高。与此同时，排液口的含气量降低，水中含气减少，由排液口排出的油水混合物相对纯净。由于在优选时对压力降和除气率进行了同步对比，所以尽量选取压损较低的结构作为最终设计方案。

2.3 分离二段旋流分离器的数值模拟

2.3.1 分离二段水力旋流器的数值建模

三相分离器的分离二段为油水旋流分离腔。经过对比，采用常规的双锥型水力旋流器结构进行油水分离。

双锥型水力旋流器的主要进口方式为单侧切向入口，主要由圆柱段、大锥段、小锥段三个主要部分组成(图 2-35)，其各部分参数如表 2-4 所示。

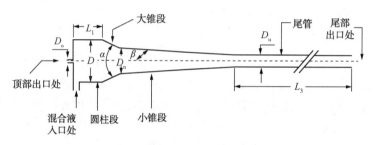

图 2-35 双锥型水力旋流器

表 2-4 油水分离旋流器的初始尺寸

公称直径 D_n/mm	大径 D/mm	圆柱段长度 L_1/mm	溢流管直径 D_o/mm	溢流管伸入长度 L_c/mm	锥角/(°)	底流口直径 D_u/mm	尾管段长度 L_3/mm
50	80	90	20	80	12, 2.4	20	500

根据以上对油水分离旋流器的初始尺寸如图 2-36 所示。

图 2-36 分离二段初始尺寸

2.3.2 网格无关性检验

本章节选用除油效率作为对比依照，用 5 个不同等级的数量网格进行无关性检验，既确保了网格数量满足要求，又使计算稳定性得到保证。参数选择如表 2-5 所示。

表 2-5 不同等级网格划分数量

网格等级	Level-1	Level-2	Level-3	Level-4	Level-5
网格数量	26万	44万	65万	110万	207万

图 2-37 为 5 种数量网格下的除油效率折线图，由此来进行无关性检验。从图中可以看出，Level-1 时除油效率最低，随着等级的升高除油效率也随之升高，但是在 Level-3 处达到了顶峰，Level-3～Level-5 的变化趋于平衡。这就说明了网格数量的增加会对分离效率产生明显的影响，但是网格数量过多不仅增加了运算时间，甚至会使分离效率降低。最终通过对比，网格数量在 65 万左右时分离效率最好(图 2-38)。

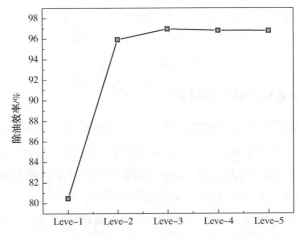

图 2-37 不同等级网格数的除油效率无关性检验

图 2-38 分离二段网格划分图

2.3.3 初始模型模拟分析

选取分离二段底流口处为高度基准($Z=0$)，以分离二段溢流口方向为高度正方向，分别选取了在结构上六个截面作为分析截面，各截面位置如图 2-39 所示。(从上到下依次是截面 $Z_1=800mm$、截面 $Z_2=700mm$、截面 $Z_3=550mm$、截面 $Z_4=400mm$、截面 $Z_5=200mm$)。

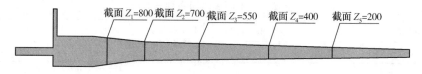

截面 Z_1=800 截面 Z_2=700 截面 Z_3=550 截面 Z_4=400 截面 Z_5=200

图 2-39　截面选取示意图

2.3.3.1　初始计算条件

边界条件的设置如下：

（1）油水两相在分离一段的出口处充分混合，计算出混合液的入口速度为 10m/s；

（2）进口设置为速度入口，溢流口设置为自由出口，底流口为自由出口；

（3）壁面边界按照无滑移处理，即速度和湍流度均为零；

（4）旋流器入口为油水的混合液，水的体积分数占比较大，将其设为连续相，油相的体积分数较小，将其设为分散相。

2.3.3.2　流体轨迹的数值模拟

图 2-40 为分离二段的内部轨迹图，可以明显看出，混合流体从入口高速切向进入圆柱腔体，与壁面相切，并且在腔体内做旋转圆周运动。刚开始由于重力和离心力的影响使得混合液沿着中心轴线顺着壁面向下做圆柱绕流，由此形成外旋流；当流体经过大锥段的时候，由于过流面积开始逐渐减小，流体的转动速度逐渐增大，离心力也增加，一部分密度小的油相流体沿着径向运动，方向发生改变，沿着轴线方向向上运动，形成内旋流，并且最终从溢流口排出；剩下密度大的水相则会继续向下沿着壁面最终从底流口排出，至此达到分离的目的。从图中可以明显看出沿壁面的外旋流和内旋流。

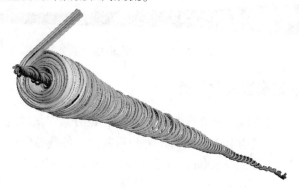

图 2-40　分离二段的内部流体轨迹图

2.3.3.3　压力场分布特性

评价旋流器的主要指标是分离效率，但是分离效率的提高往往伴随着压损的增加。事实上，很多损失都是没有必要的。混合液所受的离心力引起的损失、内部的摩擦产生的损失、阻力损失等都是压力损耗的产生原因。压力降小意味着能量损失越低，结构不同则压力场的分布特点不尽相同，所以对压力场的研究极为重要。

从 XY 平面的云图（图2-41）可以看出，压力场在贴近壁面处最高，轴心处最低，这是由于流场中的组合涡，涡流运动使得最外部区域的压力最高，轴心处最低，由此在径向产生压力差，油滴在旋流器内部受到的离心力小于径向的压力梯度产生的力，使得液滴向轴心运动，实现两相的分离。图2-42为截面 Z_1、Z_2、Z_3、Z_4时的径向压力分布云图，从四幅图中可以看出每个截面上的压力规律大致相同，在壁面处达到最大值，越向轴心处压力越低，也意味着压力损耗大，而且从图上还能看到压力差值在不断由截面降低而变小。由此可以知道，离散相的分离主要是在圆柱段和大锥段进行。

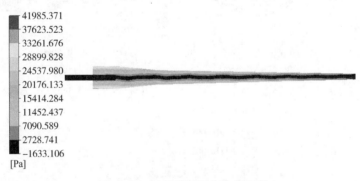

图2-41　轴向截面压力分布云图

2.3.3.4　油相分布

图2-43为双锥型油水分离旋流器轴向界面的油相浓度分布云图。从图中可以看出，分散的油相和水切向进入圆柱腔体，在内部做圆周运动，油相在中心做内旋运动之后向溢流口运动，最终经溢流口排出，连续相水经过外旋流运动后由底部的底流口排出，最终实现两相分离。可以看出，初始结构的旋流分离器的分离效果较好，油核基本都聚集在圆柱段和大锥段，并且在溢流口处浓度最高。

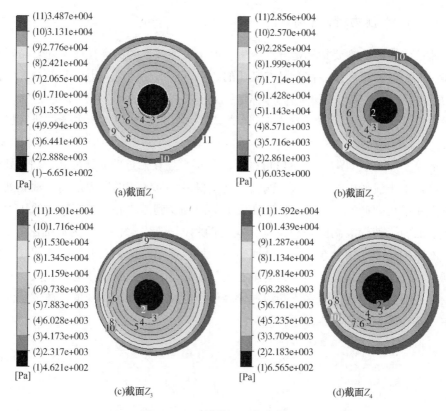

图 2-42   不同截面压力分布云图

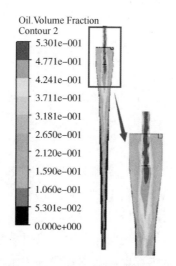

图 2-43   轴向截面油相分布云图

图 2-44 所示为旋流器内部不同高度截面上的油相体积分数分布曲线。从图中可以看出，几条曲线的趋势大致是相同的，都呈现出了中间高两边低的势态，壁面处没有任何油相。这说明，油核都在中心轴向聚集，并且随着高度降低油相分数越来越低，底部趋向无油，但是还需要进一步的结构优化。

2.3.3.5　速度场分布规律

旋流器内部的轴向界面的速度矢量图可以反映流场的稳定程度。图 2-45 为截面 Z_2 处的速度矢量分布图。从图中可以看出，速度的分布从外到内依次降低，在轴心周围达到了最低，流场的分布趋势呈现中心对称，速度梯度的存在有利于油水混合物的分离。

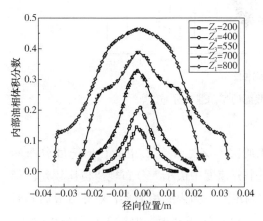 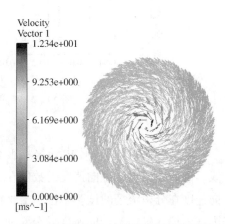

图 2-44　内部不同截面油相体积分数　　　图 2-45　截面 Z_2 处的速度矢量分布图

水力旋流器中的液体在任何一个位置的速度都可以沿着 X、Y、Z 坐标轴方向分解为：轴向速度、径向速度、切向速度三种。其中切向速度会直接影响到旋流腔内的液滴所受的离心加速度。与此同时，其余两个速度分量受控于切向速度，因为它在其中数值最大所以最容易被监测出，径向速度最小，至今还未找到合适的方法去进行测量。轴向速度的速度场主要分为内旋流和外旋流两个部分。

（1）切向速度分布

图 2-46 为分离二段初始模型内随高度变化的 $Z_1 \sim Z_5$ 上的切向速度分布曲线。从图中可以明显看出，五个截面的高度虽不一样，但是分布形式和规律基本相似，从旋流分离器的壁面向内逐渐达到最高值后沿着半径方向的增加向内逐渐递减，并且在轴心处切向速度降为最低，接近速度为零。研究表明，切向速度的最

大值划分了内旋流和外旋流。内旋流的轻质相流体在中心轴做旋转运动，从溢流口排出。外旋流的液体沿着壁面向下运动从底流口排出。

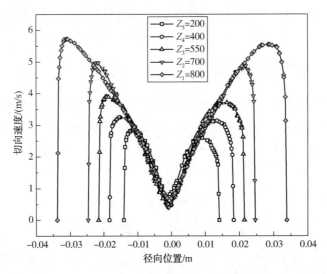

图 2-46　不同截面的切向速度分布

（2）径向速度分布

图 2-47 为分离二段内随高度变化的 Z_1、Z_3、Z_4、Z_5 上的径向速度分布曲线。由曲线显示，径向速度的数值在三个分速度中最小，分布规律也比较差，径向速度在分析流场的试验中也是最难被测定的。国内的相关学者对旋流分离器对内部流场在轴向和切向速度的分布研究上已经达成共识，但对于径向速度分布，对其分布规律的研究还是有争议的。

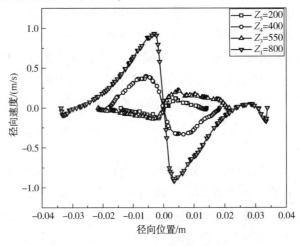

图 2-47　径向速度分布曲线

从图 2-47 中可以看出，径向速度在轴心处呈现出对称性，有利于油水分离。每个截面的速度分布都呈现出波动变化的趋势，随着高度的降低速度也在减小，在截面 Z_1 时的径向变化的幅度最剧烈。这是由于在大锥段内流体流速增大，这也是出现了外旋流和内旋流的原因之一。径向速度的分布研究对旋流分离器结构的进一步优化起着十分重要的作用。

（3）轴向速度分布

从图 2-48 中可以看出，相比于切向速度，轴向速度明显减小了，与之前学者的研究吻合。轴向速度在壁面处为零，随着半径的减小，液体向下运动，速度呈现先增大后减小的规律，并且在中心液柱的两侧出现了两个速度的最大值。这说明，在锥段流体主要是做外旋流运动，轴向速度出现反向增大的趋势，随着高度降低、径向宽度的减小，速度的分布越来越向轴心集中。截面 $Z_1 = 800\text{mm}$ 位于圆柱段，可以看出在中心轴附近速度呈现正向最大值。这说明了液体在中心轴附近做内旋流运动，高度越低，中心速度的绝对值越小，内旋流现象越不明显。通过轴向速度的分布变化曲线可以看出，结果与特征和研究结果基本吻合。

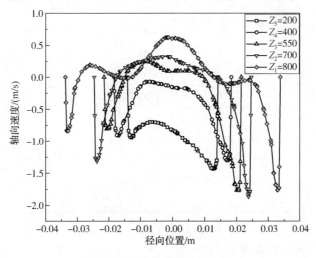

图 2-48　轴向速度分布曲线

2.3.4　数值模拟结构优选方案

液-液水力旋流器的结构相对简单，参数对比其他的分离设备也较少，但每一个结构的尺寸变化都会对分离效果产生影响。经过上一节对初始模型的模拟，选用 Level-3 的网格数分析了压力场、速度场、油相浓度的分布情况，制定了下表中的结构调整方案。针对部分结构：溢流口的直径 D_o、溢流管的深入长度 L_s、大

锥角 α、小锥角 β、底流口的直径 D_u 这五项进行优选，获得最优尺寸和分离效率。制定的结构优选方案如表 2-6 所示。

表 2-6　结构优选方案表　　　　　　　　　　　　　mm

	溢流管直径 D_o	溢流管深入长度 L_s	大锥角 α	小锥角 β	底流口直径 D_u	公称直径 D_n
方案一	5 10 15 20 25	80	12°	2.4°	20	50
方案二	20	50 65 80 95 110	12°	2.4°	20	50
方案三	20	80	12° 15° 18°	2.4°	20	50
方案四	20	80	15°	2° 2.4° 4°	20	50
方案五	20	80	15°	2.4°	10 15 20 25	50

2.3.4.1　溢流管直径 D_o

溢流口承担着因内旋流运动而聚集的油核顺利排出的任务，所以其大小直接关系着油核能否顺利排出腔体。减小溢流口的直径可以提高除油效率，但是溢流口太小则会导致油核在分离器内聚集，影响分离效率；溢流口太大则会使液体携带过多也会影响除油率，所以溢流管直径的选择尤为重要。下面在本方案中将分别改变溢流口直径 D_o 为 5mm、10mm、15mm、20mm、25mm 这五种在其他参数保持不变时分别进行模拟对比。

图 2-49 和图 2-50 分别为两个截面上不同的 D_o 时的切向速度对比曲线。图片显示，其分布规律和速度值大小变化并不太大，$D_o = 5$ 和 $D_o = 10$ 的值基本相同，这使得油水分离的难度减小。但仍然可以发现，溢流管直径的增大，切向速度先增加后减小，在 $D_o = 15$ 时达到最高后逐渐减小。这意味着溢流口直径的增大可以对分离起到促进作用，但是过大的直径反而适得其反。

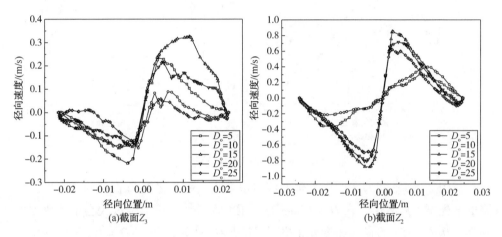

图 2-49 不同截面径向速度曲线分布

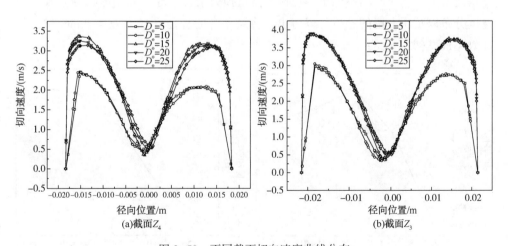

图 2-50 不同截面切向速度曲线分布

图 2-51 是溢流口直径为 5mm、10mm、15mm、20mm、25mm 在截面 Z_5 和截面 Z_2 沿径向位置的轴向速度分布图。从图 2-51 中可以看出，不同溢流口直径的轴向速度分布规律大致相同。轴向速度有一个峰值，其中紫色曲线的轴向速度最大，有利于流体从溢流口溢出。溢流口在 5mm 和 10mm 时轴向速度分布变得复

杂，说明内部湍流紊乱，在截面 Z_2 时溢流口为 5mm 和 10mm 时存在循环流。其他几个直径的轴向速度分布的规律基本相同，未存在循环流。

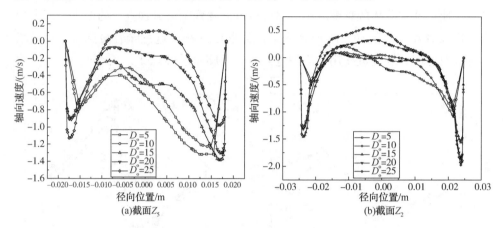

图 2-51 不同截面轴向速度曲线分布

从图 2-52 不同方案的压力降曲线可以看出，随着溢流口直径的增大，压力降的值先增大后减小，在 $D_o=15mm$ 时，压力降最大。压力降过大会增加压力的损耗。从图 2-53 的径向速度分布也可看出，在不同截面上，$D_o=15mm$ 时径向速度快速增加，从而流场不稳定，也使得能量损失增大。综合油相体积分数云图和速度分布以及压力场的分析可以得出，将溢流管的直径确定为 $D_o=20mm$ 时，分离效率最高(92.86%)。

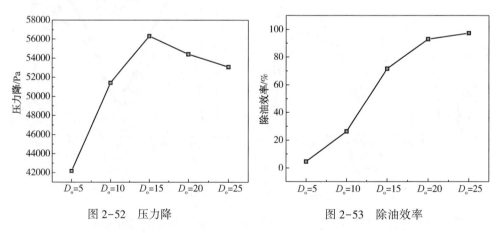

图 2-52 压力降 　　　　　　　　　图 2-53 除油效率

2.3.4.2 溢流管深入长度 L_s

旋流分离器的溢流管的深入长度对于除油率起着重要的作用。溢流管深入过短会使得从入口进入圆柱段的流体未经分离就直接从溢流口排出，这种现象叫作短路流。短路流现象会对其分离效率造成直接影响。但是溢流管深入过长也会导致旋流腔内的流场变得紊乱，分离效率降低。

图2-54为不同的溢流管伸入长度下的旋流分离器在截面 Z_3 处的压力、速度曲线分布图。由静压曲线和切向速度分布曲线可以看出，压力、切向速度基本不会随着溢流管伸入长度的增大而发生改变；从轴向速度曲线可以看出，在溢流管插入尺寸的改变下，中心处的速度先增加后减少，增加意味着油相排出更顺利。

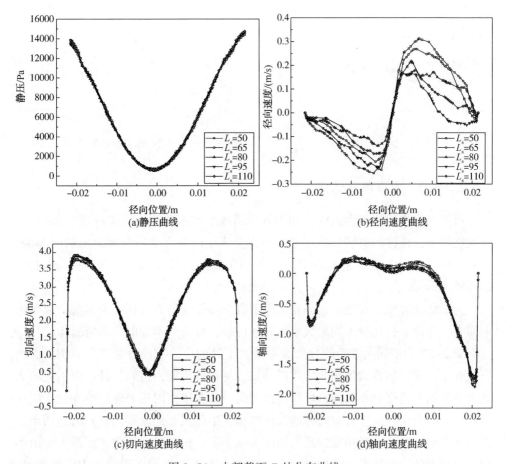

图2-54　内部截面 Z_3 处分布曲线

不同的溢流管深入长度下的压力降曲线图和分离效率图如图2-55和图2-56所示。溢流管深入长度 $L_s = 50\text{mm}$ 时，旋流分离器的压力降最低，分离效率也最差，此时的底流口出口部位的含油浓度是最高的。因此，溢流管插入过浅不利于油相及时地从溢流口排出；随着插入长度的增加，压力损失也急速增加，在插入长度为110mm时压力降达到最大值，但是分离效率反而下降。这是由于溢流管插入深度过长导致内部流场紊乱，使得进入腔体的混合液没有很好地分离便进入溢流管。所以，优先选取溢流管伸入长度为 $L_s = 95mm$ 为最佳深入长度，此时的分离效率达到了最大值(94.93%)。

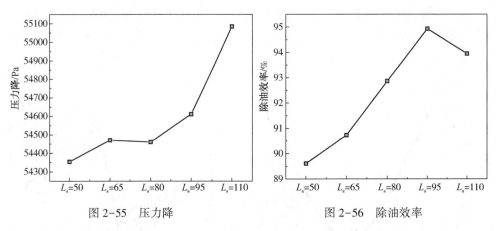

图 2-55 压力降　　　　　　　　　图 2-56 除油效率

2.3.4.3 大锥角 α 优化

双锥型水力旋流器由大锥段和小锥段组成。油水两相在大锥段进行预分离。在大锥段里，流体的旋转加速度不断增大。为了研究大锥段角度对流场的影响，在其余条件参数不变的情况下取三组不同角度进行模拟分析，分别是 $\alpha = 12°$、$\alpha = 15°$、$\alpha = 18°$。

为了研究方便，在两个锥段相交面上方 20mm 的地方选择一个截面，取名为截面 I。进而分析几种不同的大锥角对速度场、分离效率等的影响情况。

图 2-57 为不同大锥角的分离器在截面 I 处的压力和速度曲线分布图。由图可以看出，静压随着大锥角的增加而增加，使得分离能力得到提升；由不同的大锥角下的切向速度分布曲线可以看出，切向速度在壁面附近处保持不变，切向速度从壁面沿着半径向中心方向先增加后减小，半径减小到内旋流直径后，切向速度急速降低，各个大锥角度的最大切向速度不同，$\alpha = 18°$ 时切向速度最大。由不同大锥角下的轴向速度分布曲线可以看出，在大锥段出现了明显的内、外旋流。在内旋流处，随着大锥段角度的增大，其轴向速度逐渐递增，大锥段角度的增加导致出口部分收到的沿程阻力损失减小，溢流口液相的出流速度增大，分离效率升高。

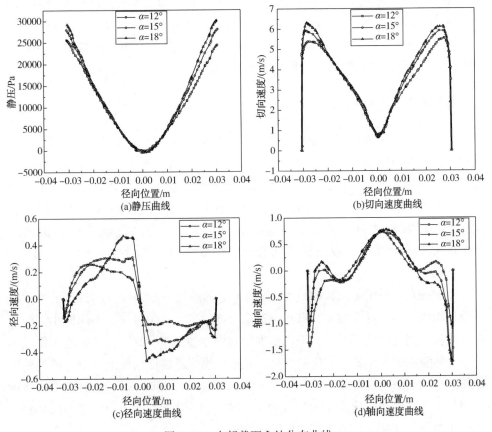

图 2-57　内部截面 I 处分布曲线

　　图 2-58 和图 2-59 为三种大锥段角度下的压力降和分离效率曲线。从图中可以看出，大锥角的增加使得锥段长度减小、损失增大、压力降增加。大锥段的主

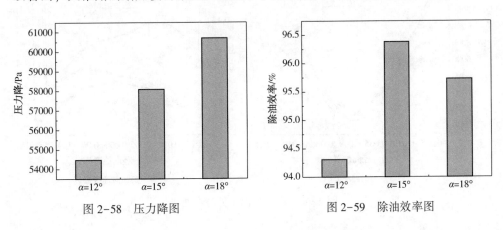

图 2-58　压力降图　　　　　　　　　图 2-59　除油效率图

要作用是在预分离中加强旋流作用。根据数值模拟的结果来看，在对流场的稳定性干扰不大的情况下，适当地增大大锥段角度，减小大锥段长度可以提高分离效率。结合压力降、分离效率和速度图分析，在 $\alpha = 15°$ 的时候分离效率达到最高（96.38%），所以优先选取大锥角为15°作为最优大锥角度。

2.3.4.4 小锥角 β 优化

锥段是油水分离在旋流分离器内的重要区域。前人对锥角的研究表明，较小的锥角能提高分离效率，但是锥角过小的话则会容易引起底流口的堵塞和损失，所以锥角不能太小。研究表明，小锥段为旋流分离器的主要分离部分，小锥角的增加会使小锥段长度变长从而提高分离效率，但是小锥角继续增大，锥段长度过长会增加整体分离装置的能量损失。选取小锥角与底流口交界面向上100mm处为截面Ⅰ，选取三种不同的小锥角度分别是 $\beta = 2°$、$\beta = 2.4°$、$\beta = 4°$ 进行模拟。

图2-60为不同的小锥段角度在截面Ⅰ上的静压分布曲线。小锥角的增大使得静压增大，压力梯度增加，有利于提高分离效率。从图可知，不同的小锥段角度在底流口附近的截面Ⅰ上，随着小锥角的增加轴向速度减小，意味着小锥段的长度会随着锥角大小发生相应的变化。较短的锥段长度可以使液体下流的过程中消耗更少的能量。锥角的变化对切向速度的分布影响如图所示，随着小锥段角度的增加，内部的切向速度增大，在 $\beta = 4°$ 时达到最大，这是由于小锥角的增大，使得小锥段长度减少，角动量损耗随之增加。

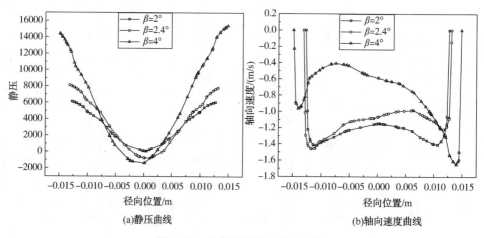

图2-60　内部截面Ⅰ处分布曲线

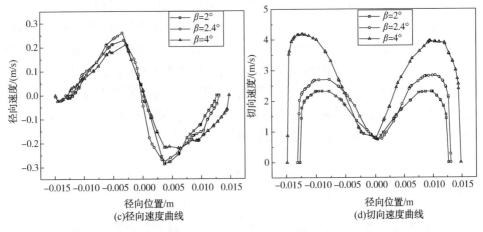

(c)径向速度曲线　　　　　　　　　(d)切向速度曲线

图 2-60　内部截面 I 处分布曲线(续图)

　　图 2-61 和图 2-62 分别是三种小锥角下的底流口附近截面 I 处的油相浓度曲线和除油率曲线,可以明显看出在 $\beta = 2.4°$ 时底流口处的油浓度最小。小锥角在 $2°\sim 4°$ 内,分离效率呈现出抛物线势态并且在 $\beta = 2.4°$ 时达到了最大值(96.38%)。这里与底流口的油相体积分数曲线趋势一致。从而可以得知,在其他尺寸一定的情况下,从分离效率来说,优先选取小锥角为 $\beta = 2.4°$ 作为最优参数。

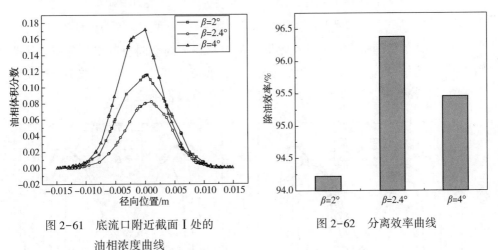

图 2-61　底流口附近截面 I 处的　　　　图 2-62　分离效率曲线
　　　　　油相浓度曲线

2.3.4.5　底流口 D_u 优化

　　底流口的结构尺寸对旋流分离器的性能有着很大的影响。根据底流拥挤理论,底流口处的阻塞效应是影响分离效率的主要因素,因此探究不同大小的底流口直径对于增加分离效率是十分必要的。针对这个问题，在不改变溢流口直径、溢流管深入长度、大小锥角度的情况下，对四种不同的底流口直径 $D_u = 10mm$、$D_u = 15mm$、$D_u = 20mm$、$D_u = 25mm$ 下的分离状况和流场特性进行模拟研究。分别选取各个模型小锥段中部和距离底流口三分之一处为截面 I 和截面 II 进行研究。

轴向速度分布情况在不同的底流口直径下的影响情况如图 2-63 所示。随着底流口直径的增加，轴向速度随之减小。由此可见，流体在腔体内的流动形态趋于稳定，使得分离过后的混合液可以顺利排出。

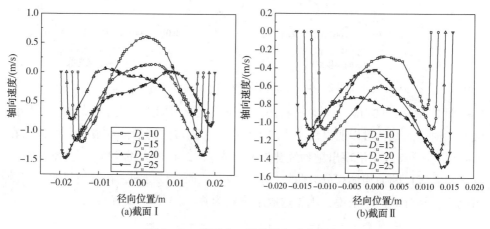

图 2-63　截面 I、II 处轴向速度分布

图 2-64 为截面 I 和截面 II 在不同底流口直径下的切向速度变化分布。从两幅图中可以明显地看出，切向速度的大小随着底流口直径的减小而减小。这说明了底流口直径越大，其内部的内旋流和外旋流的强度都随之增加。

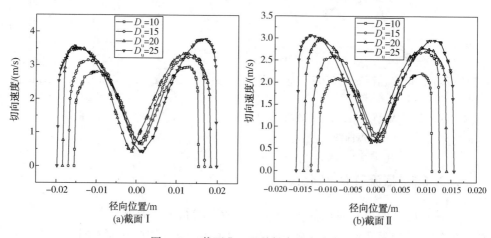

图 2-64　截面 I、II 处切向速度分布

底流口直径的变化与压力降的分布关系如图 2-65 所示。在其余条件确定时，压力降随着底流口直径的增大而不断减小。这说明了，底流口直径过小，内压降很大，此时旋流器内的阻力很大，不利于流体的分离。

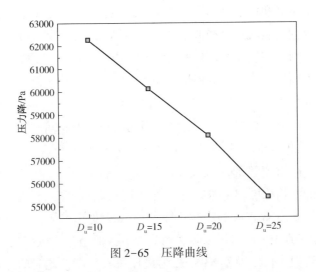

图 2-65 压降曲线

除油率随底流口直径尺寸的变化如图 2-66 所示。D_u 尺寸越大，分离二段的分离效率随之减小。结合图 4-38 的轴向截面云图可知，底流口尺寸过小使得液体无法从底流口排出，聚集在溢流口处；随着底流口直径的增大，分离过后的液体可以顺利排出，底流口直径的减小不仅增加了溢流口的油相排出浓度，也增加了从溢流口排出的水相。综合压力降和分离效率曲线等各因素，所以选取 $D_u=20$mm 的底流口直径为最优结构。

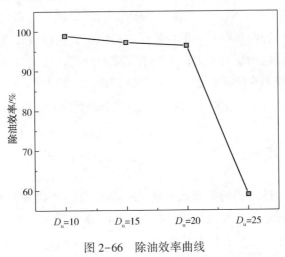

图 2-66 除油效率曲线

2.3.5　小结

通过对初始模型进行模拟，得到了其压力场分布特性、速度场分布规律和内部流体轨迹。由于对初始模型的分离效果不理想，基于初始化模型设计了五种结构优选方案，分别对溢流管直径 D_o、溢流管深入长度 L_s、大锥角 $\alpha°$、小锥角 $\beta°$、底流口直径 D_u 进行优化，研究其对分离效率与压力损失的影响。

对方案一不同溢流口直径的模拟中得出：随着溢流口直径的增大，压力降的值先增大后减小，在 $D_o=15$mm 时，压力降最大。压力降过大会增加压力的损耗，综合油相体积分数云图和速度分布以及压力场的分析可以得出，将溢流管的直径确定为 $D_o=20$mm 时，分离效率最高（92.86%）。

对方案二不同溢流管的深入长度的模拟中得出：由于溢流管深入尺寸的增加，溢流口处的油相浓度越来越集高，表明了溢流管的深入长度不同对油水旋流分离器的分离性能有着较大的影响；随着插入长度的增加，压力损失也急速增加，在插入长度为 110mm 时压力降达到最大值，但是分离效率反而下降。所以，优先选取溢流管伸入长度为 $L_s=95$mm 为最佳深入长度，此时的分离效率达到了最大值（94.93%）。

对方案三的三种大锥角的模拟可以得出：在对流场的稳定性干扰不大的情况下，适当的增大大锥段角度，减小大锥段长度可以提高分离效率，结合压力降、分离效率和速度图分析，在 $\alpha=15°$ 的时候分离效率达到最高（96.38%）。

对方案四的三种小锥角的模拟可以得出：小锥角的增大，使得小锥段长度减少，角动量损耗随之增加。小锥角在 $2°\sim4°$ 内，分离效率呈现出抛物线势态并且在 $\beta=2.4°$ 时达到了最大值，优先选取小锥角为 $\beta=2.4°$ 作为最优参数。

对方案五的四种底流口直径的模拟可以得出：底流口直径过小，腔体内压降很大，此时旋流器内的阻力很大，不利于流体的分离，底流口过小使得液体无法从底流口排出，聚集在溢流口处，随着底流口直径的增大，分离过后的液体可以顺利排出，所以选取 $D_u=20$mm 的底流口直径为最优结构。

2.4　结论

本章提出了一种全新的串联式一体化三相旋流分离装置，并使用 CFD 方法对其分离特性进行分析，并对分离一段的气–液分离腔和分离二段的油–水分离腔进行了结构优化。主要有以下结论：

通过对分离一段的排气管直径、排气口插入深度、排液口直径对气相分离性能的研究发现：随着排气管直径的增加，压力降逐渐减小，排气管处的气相浓度增大，除气率增加，经过对比，排气管直径 $D_x = 25mm$ 时分离效果最佳；增加排气管的插入深度可以抑制短路流，且压降减小。但是深入尺寸持续增加，却对内部流场出现扰动，压降反而增加了。分离效率在插入深度为 $h_c = 50mm$ 的时候达到了最高值；压力降和气相的分离效率都随着排液口的增大而减小，综合对比排液口直径选择 $B_c = 15mm$ 时为最优结构，由此组成分离一段的最优结构。

分离二段采用双锥型旋流分离器，与分离一段采用相同的求解器对初始模型进行网格无关性检验后从溢流管直径 D_o、溢流管深入长度 L_s、大锥角 $\alpha°$、小锥角 $\beta°$、底流口直径 D_u 进行优化，研究其对分离效率与压力损失的影响。经过模拟得出：随着溢流口直径的增大，压力降的值先增大后减小，在 $D_o = 15mm$ 时，压力降最大。将溢流管的直径确定为 $D_o = 20mm$ 时，分离效率最高（92.86%）；随着溢流管深入长度的增加，溢流口处的油相分布越来越集中，随着插入长度的增加，压力损失也急速增加，在插入长度为 110mm 时压力降达到最大值，优先选取溢流管伸入长度为 $L_s = 95mm$ 为最佳深入长度，此时的分离效率达到了最大值（94.93%）；在对流场的稳定性干扰不大的情况下，适当地增大大锥段角度、减小大锥段长度可以提高分离效率，$\alpha = 15°$ 的时候分离效率达到最高（96.38%）；小锥角在 $2°\sim4°$ 内，分离效率呈现出抛物线势态并且在 $\beta = 2.4°$ 时达到了最大值，优先选取小锥为 $\beta = 2.4°$ 作为最优参数；底流口过小使得液体无法从底流口排出，聚集在溢流口处，随着底流口直径的增大，分离过后的液体可以顺利排出，所以选取 $D_u = 20mm$ 的底流口直径为最优结构。由此得出分离二段的最优结构。

第3章　水平变径管两相流动特性研究

段塞流在石油行业是一种在实际生产和运输过程中，都希望能够被预测、控制、减轻和避免的流型。压力和流量的间歇性变化是段塞流流动过程中的一个明显特征，会对管道本身、焊接管道焊缝处、管道下游仪器设备等产生较大冲击力，轻则引起管路发生不稳定振动，影响管线测量设备的测量精度，使管路运行效果变差；重则影响管材使用寿命，致使管件疲劳失效。

在许多操作条件下，管道本身的几何形状可能会导致段塞流的出现，譬如两相流或多相流流经仪表前后的变径管、不同角度的弯管以及下倾−垂直管之类的管道时，也极易发生段塞流的现象。基于水平变径管中段塞流的实验研究，利用计算流体力学的知识对水平变径管中气水两相段塞流的流动进行数值模拟，对于研究水平变径管中气水两相段塞流流动特性有总结性和指导性的意义。

本章结合水平变径管中气水两相段塞流实验数据，通过数值模拟的方法，基于CFD方法对水平变径管中的段塞流流动进行模拟，对模拟结果进行研究与比较。

3.1　气液两相流模拟方法

在对水平变径管中气水两相段塞流的流动特性进行模拟研究之前，为了充分保证本次研究所建立的数值模型的可靠性，本章先以实验工况为标准进行数值模拟，将相关数值模拟结果与实验数据结果作对比，若两者符合良好，则说明设计的模型具有较高的准确性和精度，才能再基于此模型利用数值模拟的手段进一步对其他流动特性参数进行模拟研究。

3.1.1　模型建立

本研究工作基于实验测试的基础，使用CFD方法，选择VOF两相流模型对水平变径管道中的气水两相段塞流流动数值进行模拟。相关实验于西安石油大学多相流实验室中油、气、水三相流动实验环道上进行，运用差压相关法研究水平变径管段塞流特性参数。

3.1.1.1　实际物理模型

实验使用管道前部分为水平大径管，管道外径 60mm、内径 50mm，中间为变径管段，变径锥角分别为 3.57°、4.76°、7.12°，后部分为水平小径管，管道外径 35mm、内径 25mm。具体实验管段尺寸参数如表 3-1 所示。

表 3-1　实验管段尺寸表

大径管内(外)径/mm	50(60)	50(60)	50(60)
小径管内(外)径/mm	25(35)	25(35)	25(35)
变径段长径比(L/D)	4	3	2
变径锥角/(°)	3.57	4.76	7.13

最终建立的二维平面图以及三维几何模型示意图如图 3-1 所示。

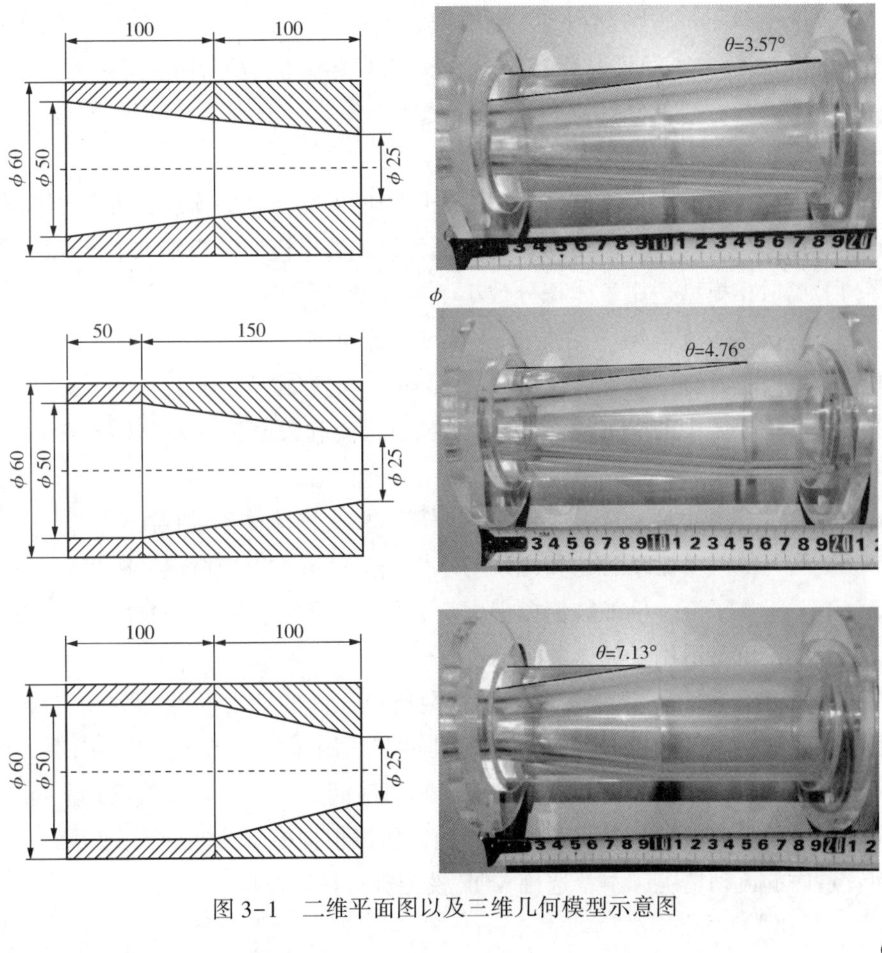

图 3-1　二维平面图以及三维几何模型示意图

3.1.1.2　数值模拟所作假设

数值研究所取的物理模型数据均来自实验模型，使管道模型的几何尺寸、气液进流方式、气液出流方式以及气液物性等参数与实验模型保持一致。

因此在文中研究中作出以下假设：

（1）流动过程各相流体介质的物性不变；

（2）两相之间不相溶；

（3）假设两相受到相同的压力；

（4）假设流动过程等温，不进行能量方程的相关计算。

3.1.1.3　建立模型

以变径锥角为 3.57° 的水平变径管道为例进行建模。当变径锥角为 3.57° 时，大径管长度 1000mm，小径管长度 1000mm，变径长度 200mm，模型全长 2200mm。大径管直径 50mm，小径管直径 25mm。缩建几何模型与实验所用管道参数一致。

3.1.2　多相流模型的选择

对于选择合适的多相流模型，通常先明确所研究问题的实质，然后再确定选择上述哪种模型最能与流体实际运动情况相符。选择模型的规则如下所示：

（1）离散相模型适用于体积分数小于 10% 的液体和气泡；

（2）欧拉多相流模型中的混合模型和欧拉模型适用于离散相体积分数大于 10% 或离散相混合物体积率超过 10% 的液滴、气泡和粒子负载；

（3）欧拉模型中的 VOF 模型适用于对泡状流和段塞流等流型需要精准追踪分相界面的问题；

（4）VOF 模型也适用于分层流动和明渠自由表面流体流动情况；

（5）均匀的气动流动运输和泥浆与水力的运输流可以选取混合模型；

（6）对于粒子流，例如数值模拟中流态化床中的情况可以选择欧拉模型；

（7）欧拉模型适用于流体的沉降现象。

通过 VOF 方法，不仅能够求解计算网格单元内的动力黏性系数和气液相混合密度，还能得到气液相界面复杂的运动情况。用 VOF 方法仅需要定义一个体积函数就能够解决这些问题，大大节省了运算时间。并且段塞流气液两相间存在明显的分界面，VOF 可以精确追踪相界面。所以根据模型选择原则，以及气液两相在管道内的流动情况，本章选用 VOF 模型进行计算模拟。

3.1.3 网格无关性验证

网格无关性可以在保证结果精度的同时，使工作效率达到最优，因此在进行模拟前应先对网格无关性进行验证。

好的网格要符合质量评价标准，如正交质量、纵横比、雅克比等。也要满足物理研究的需求(如边界层的设置)。网格数量对计算的精度和计算结果在某种程度上有非常大的影响：当计算域的网格过密，会导致计算效率低、计算时间长(网格数量具有一定规模时，10w 网格和 100w 网格对计算结果影响不大)；当计算域的网格过疏，轻则可能导致计算精度较差，重则计算结果发散，运行出错。所以，在生成网格之前要考虑好物理场的设置，生成之后要对网格进行网格无关性验证。

在模拟条件允许的情况下，本章的模拟采用四组不同数量的网格方案 A、方案 B、方案 C 和方案 D 进行验证。选取管道 $X = 0.9\text{m}$ 处的横截面作为截面 1(大径管处)，选取管道 $X = 1.7\text{m}$(小径管处)处作为截面 2，选取实验工况为大径管中液相折算速度 $USL = 0.64\text{m/s}$，气相折算速度 $USG = 1.31\text{m/s}$，通过对比截面 2 处的总压力(Total Pressure)最小值和最大值，来选取合适的网格数量。

根据结果(表 3-2)可知，方案 C 和方案 D 的计算结果相差不大，因此选择方案 D 的网格数量已经可以满足计算要求和精度。在进行其他模型网格划分时，以方案 D 的数量级为基础进行网格划分。

表 3-2　网格无关性验证数据对比结果　　　　　　　　　　　　Pa

单元数		截面 1	截面 1	截面 2	截面 2
		总压最小值	总压最大值	总压最小值	总压最大值
方案 A	35275	857. 1755	2372. 698	48. 67759	2814. 331
方案 B	94739	864. 1755	2406. 426	53. 85421	2875. 627
方案 C	241290	894. 1063	2447. 558	61. 69752	2901. 859
方案 D	778160	896. 1755	2452. 306	62. 59112	2904. 169

3.1.4 模型验证

CFD 的最大优点是它能洞察实验无法触及的区域。因此，模拟有助于了解流型的形成及其对测量过程的影响。然而，在 CFD 模拟可用于预测流量之前，需要先对其进行验证。

选取变径锥角为 4.76° 的水平变径管道进行建模，选取管道 $X = 0.9m$ 处的横截面作为截面 1（大径管处），选取管道 $X = 1.7m$（小径管处）处作为截面 2。选取 3 组实验工况，通过对比截面 2 处的混合速度最大值，来验证实验的准确性。

由表 3-3 可知，数值模拟结果和实验结果基本吻合，存在较小的误差，而误差的来源有网格模型引起的离散误差、求解方程的迭代误差等。而实验过程中，也会因为仪器的密封性、测量的精度等原因造成误差。因此，在比较实验结果和数值模拟结果时要考虑造成误差的因素。

表 3-3　模型可靠性验证

	大径管		小径管		相对误差/%
	实验数据/（m/s）	模拟数据/（m/s）	实验数据/（m/s）	模拟数据/（m/s）	
Case1	$U_m = 1.92$	$U_m = 1.950$	$U_m = 5.24$	$U_m = 5.129$	-2.11
Case2	$U_m = 3.49$	$U_m = 3.490$	$U_m = 9.52$	$U_m = 9.864$	3.61
Case3	$U_m = 5.03$	$U_m = 5.030$	$U_m = 11.54$	$U_m = 11.315$	-1.94

3.2　变径锥角对水平变径管中段塞流的影响

在联合处理站中，油气集输、油气水分离、污水排放等环节根据工艺的需要，都有可能使用异径管，将不同管径的管道连接起来，一般有同心异径管和偏心异径管可供选择。本研究模拟的水平变径管，也相当于由大径管（内径 50mm）和同心异径管连接小径管（内径 25mm）组合而成。

在本研究中，以空气作为气相介质，以水作为液相介质。以变径锥角 α 作为变量，保证液相折算速度 U_{SL} 和气相折算速度一定，共模拟了四个结构方案，定义为方案 1~4。具体的工况如表 3-4 所示。

表 3-4　物性参数组合工况详情

方案编号	变径锥角/（°）	液相折算速度 U_{SL}/（m/s）	气相折算速度 U_{SG}/（m/s）
方案 1	5		
方案 2	10	1	3
方案 3	15		
方案 4	20		

3.2.1 不同变径锥角下流动形态分析

3.2.1.1 整体流场特性分析

在多相流模拟中，气液混合效果可以通过体积分数分布情况直接反映。一般而言，两相流流场结构越复杂，气液混合效果越好，或者说气液两相混合得越充分，流场结构也会更复杂。

为了对不同变径锥角的水平变径管中气水两相段塞流的变化规律进行分析，选取4种工况来探究在液相折算速度 U_{SL} 和气相折算速度 U_{SG} 一定时，变径锥角变化对段塞流流动的影响，流动方向从左至右。管内相分布云图如图 3-2 所示。由图可知，当液相折算速度 $U_{\mathrm{SL}}=1\mathrm{m/s}$、气相折算速度 $U_{\mathrm{SG}}=3\mathrm{m/s}$ 时，在水平变径管内可形成特征较为明显的段塞流。

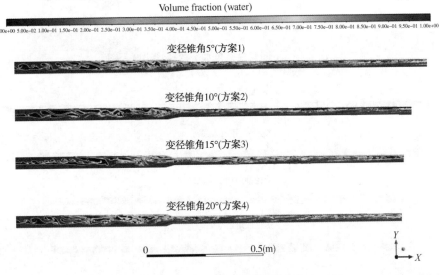

图 3-2　不同变径锥角水平变径管内相分布云图

在大径管段，在重力的作用下，气液呈分层的趋势。而由于气液速度差产生了明显的相界面波动，剧烈的波动演化为尺度不同的段塞。随着气液两相流流入变径管段，由于流道形状变化，极大地影响了已经趋于稳定的段塞结构，气液两相呈交替通过变径处的趋势，由此造成了段塞形态的变化。变径角度为5°时，由于变径角度较小，变径部分坡度较为平缓。同样增幅下，当变径角度为10°、15°、20°时，流道形状变化更为剧烈，在变径部分出口时，气液相界面产生扰动。在小径管段，变径的影响逐渐趋于稳定。可以明显发现，段塞的尺度有所增大，而气液界面的波动幅度也同时增大。管内速度分布云图如图 3-2 所示，管内速度矢量图如图 3-3 所示。

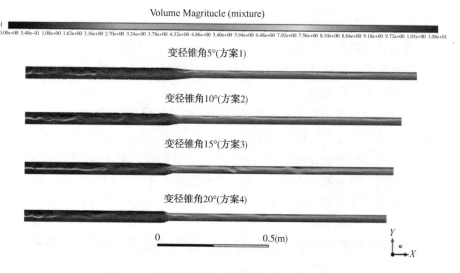

图 3-3　不同变径锥角水平变径管速度云图

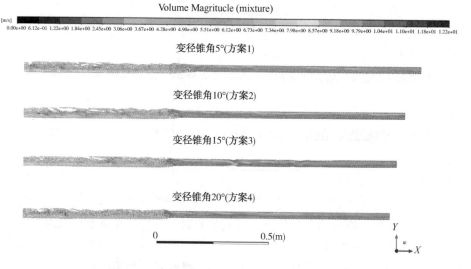

图 3-4　不同变径锥角水平变径管速度矢量图

由图 3-4 气水两相段塞流的速度云图可知，小径管的混合速度相较大径管的混合速度有了较为明显的增长。因为流体的体积流量是相同的，在通过较小的管截面时，速度的增长才能保证流量的相等。且在其他条件保持不变的情况下，随着变径锥角的增大，相应的小径管中混合流体的速度也发生小幅度的增加，但增幅并不明显。观察速度矢量图可知，在大径管中相界面的波动较大，导致出现速度较大的区域，则该区域可能会发生小范围的湍流。随着变径锥角的增大，小径管内出现速度明显变化区域的可能性也会增加。

管内静压、动压、总压分布云图如图 3-5~图 3-7 所示。将不同工况下的水平变径管道纵向排列以便观察段塞流的流动规律。

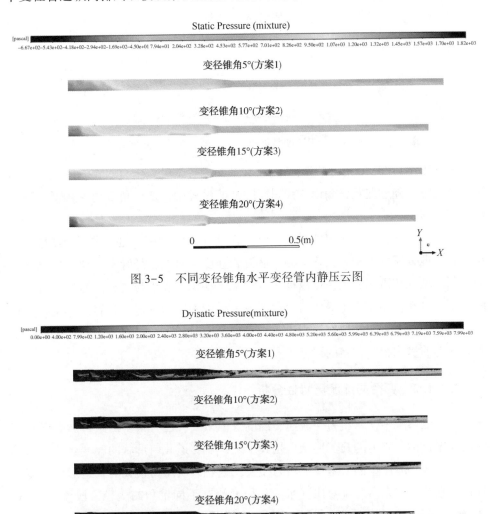

图 3-5　不同变径锥角水平变径管内静压云图

图 3-6　不同变径锥角水平变径管内动压云图

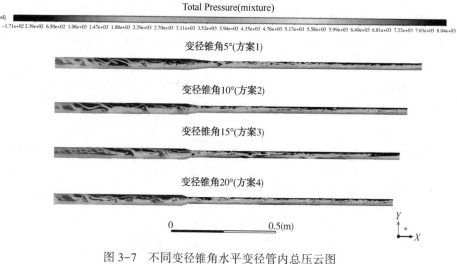

图 3-7 不同变径锥角水平变径管内总压云图

由静压图可知，气水两相段塞流在水平变径管道中，压力随着流体流动方向呈递减趋势；随着变径锥角由 5°变化到 20°的过程中，变径角度越大，管道静压压降越明显。

由概念可知，动压与速度相关，结合图 3-6 和图 3-7，也可更直观地发现，小径管的混合速度大于大径管中的气液混合速度。对比小径管中出现的数值较大的动压区域气相占比更大，可以推测，管道中动压的大小与气相折算速度有一定的关系。可知，小径管中的压力变化相较大径管中更为明显，且容易发生在靠近变径出口处，气水两相段塞流刚进入到小径管中时还不够稳定，需要一定的稳定距离才能够呈现较为稳定的段塞现象。

3.2.1.2 变径局部流场特性分析

在液压系统中，除压力、流速、温度等因素外，还有很多因素都影响着系统的动静态特性，管道的几何形状也是其中之一。管道几何形状的改变会使得流动状态发生变化时产生的液阻带来压力损失，这就表明压力损失与管道形状和变化管径有直接的关系。为了对比气水两相段塞流在不同锥角的变径管段流动状态，截取变径部分进行放大对比。图 3-8 为变径管段内相分布云图。

流体经过截面突变管时，由于截面积、流动方向的急剧变化，流体间的摩擦、碰撞都会急剧增加，形成涡流，从而产生局部压力损失。管道的突然变径可能会造成压力损失，而由于压力的突变则可能形成涡流，可能会对系统管路或者

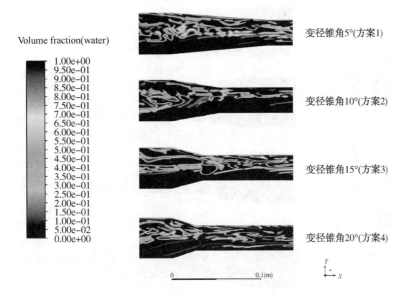

图 3-8　不同变径锥角变径管段内相分布云图

元器件造成损害。而合理的变径措施(如选择合适变径锥角的变径管)可以消除在突然变径处的压力的剧烈波动、减少压力损失,更重要的是降低涡流形成的概率,减少气蚀、振动等影响管道系统工作稳定性的因素。气水两相在管道内流动时,主要受到重力、剪切力以及表面张力这三个力的共同影响,随着变径管段锥角角度的增加,这三个力对管内气液两相的作用也不相同,管道内相的分布也会随之发生改变。根据图 3-8 的方案 3(变径锥角 15°)可以看出,气水两相段塞流在经过变径管道时,气泡有可能会受流道几何形状的影响被挤压。

图 3-9 为变径管段速度云图,图 3-10 为变径管段速度矢量图。由图可以分析得到,气液两相流在进入变径管道部分时,不仅混合速度发生变化,两相流的流动方向也发生了明显的改变,在进入变径部分和离开变径部分时都有明显的界限。且变径部分出口的上方变化区域,速度矢量大小都有相对较大的变化,可能是因为管段上方几个形状对流体的挤压或切割造成的。

图 3-11～图 3-13 是不同变径锥角的水平变径管其变径管段的静压、动压、总压图。由图可以看出,变化趋势最明显的是静压。气水两相段塞流在进入变径管段时,变径开始部分的下方静压增压,且静压增大的面积与变径锥角呈正相关。变径结束部分的上方和下方,有静压值特别低的区域,这个区域也是随着变径锥角的增大而扩大。则可以看出,变径锥角越小的时候,流经管道的流体对变径部分管道的冲击越小。

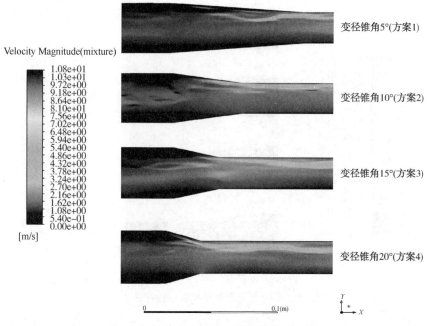

图 3-9　不同变径锥角变径管段速度云图

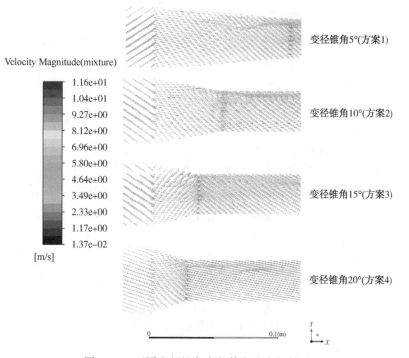

图 3-10　不同变径锥角变径管段速度矢量图

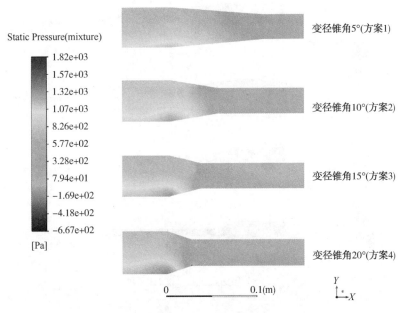

图 3-11　不同变径锥角变径管段静压云图

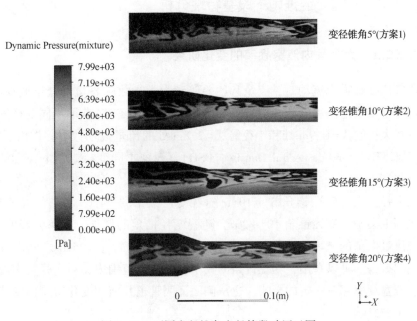

图 3-12　不同变径锥角变径管段动压云图

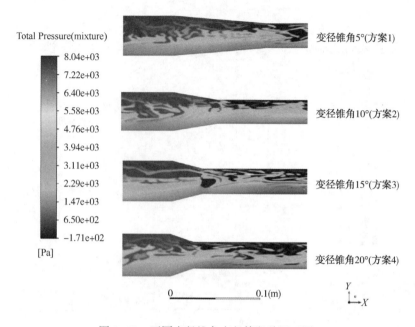

图 3-13　不同变径锥角变径管段总压云图

3.2.2　不同变径锥角下段塞特性分析

3.2.2.1　大径管内液塞频率的变化研究

段塞流在管道内流动时，流量和压差等动力学参数随着流动处于波动状态。将流量波动做快速傅里叶变换（Fast Fourier Transform，FFT）获取不同变径锥角的水平变径大径管 $X=0.9$m 处和小径管 $X=1.8$m 处的流量波动数据，作出了图 3-14 功率谱密度（Power Spectral Density，PSD），表征不同变径锥角下频率信号的能量分布。

在大径管内，变径锥角 $5°\sim10°$，随着变径锥角的增加，频率的峰值越高，流量振荡更集中。变径锥角 $10°\sim20°$，随着变径锥角的增加，频率的峰值递减，但出现流量振荡的频率在逐渐增大。变径锥角为 $20°$ 时，$0\sim25$Hz 之间出现了多次较强的振荡。可以看出，变径锥角的大小，在一定范围内，对大径管中的流量变化、液塞频率存在一定的影响，也从侧面证明管道几何的变化对管内整体流动都有一定的影响。

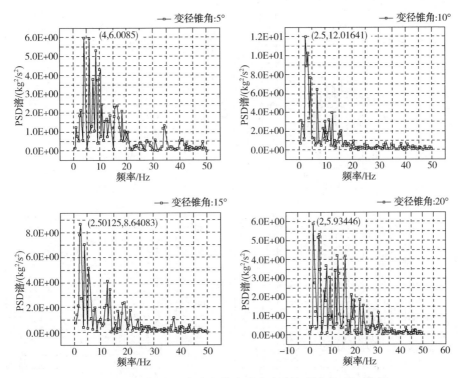

图 3-14 不同变径锥角大径管内段塞流液塞频率的 PSD 特征

3.2.2.2 小径管内液塞频率的变化研究

根据之前的数值模拟已经得知，气水两相段塞流经由变径部分从大径管流至小径管后，混合速度明显升高，但两相流流入小径管后，段塞现象较大径管更为稳定。图 3-15 为不同变径锥角对小径管内段塞流液塞频率的影响。

通过以上模拟结果可以看出变径锥角对小径管中液塞频率的影响并没有明显的规律性。但结合之前的管道几何模型可知，在变径锥角为 5°时，管道的几何形状变化相对来说并不是特别剧烈，因此小管径中的流量振荡并不明显。

3.2.2.3 大径管、小径管内液塞频率的变化对比研究

管道几何形状发生变化后，会对两相流的流动造成一定的影响，气水两相段塞流流经变径管后混合速度的增大就是最直观的表现。然而管道几何形状的改变，也会对段塞流的一些特性参数造成一定的影响。将大径管与小径管的 PSD 图进行横向和纵向对比，以探究变径锥角对水平管径段内气水两相段塞流对液塞频率的影响。

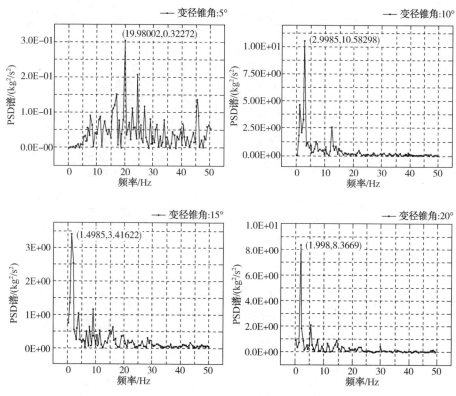

图 3-15　不同变径锥角小径管内段塞流液塞频率的 PSD 特征

分析可知，除变径锥角为 5°时，大、小径管的流量振荡值变化规律相差较大之外，小径管中的流量振荡并没有大径管中的流量振荡明显，液塞频率均会随着变径管段的锥角 α 的逐渐增加而减小。出现这种变化的原因是：

（1）气水两相通过变径管段时，因为变径锥角的作用，导致靠近壁面流体的流动方向发生改变，使得变径部分的管道受到流体的不断冲击，从而产生强烈的动量变化，形成水击波，从而导致管道变径段受到的压力变大。基于这种现象，变径管段的局部密度也会随之增大，液塞在前进时会受到相较之前更大的阻力，因此造成液塞频率的减小。

（2）气水两相段塞流从大径管径变径管段流入小径管时，其压力在不同方向上作用于变径管段的管壁，会产生局部阻力，可能会造成液塞在变径处的累积，即小径管中更容易形成更加稳定、长度更长的液塞，液塞长度的增加则会降低液塞频率。水平管变径处阻力的大小与变径管段的锥角 α 呈正比关系，即产生的阻力会随着 α 的增大而增大。但根据实验现象，并不是随着 α 的逐渐增加，液塞频率就一定会减小，一定变化范围的变径锥角 α 与液塞频率呈反比关系。在四组方案中，方案 2(10°)、方案 3(15°)、方案 4(20°)为变径锥角 α 的增大、液塞频率的减小提供了验证。

3.2.3　小结

通过对不同变径锥角下水平变径管道内气水两相段塞流数值模拟结果的分析对比，可得到：变径锥角的改变会影响水平变径管道内气相和液相的分布，随着变径锥角的增大，影响越明显；变径锥角的改变会影响水平管道内气水两相流的速度和压力。随着变径锥角的增大，流入小径管的气水两相段塞流的混合速度增大。随着变径锥角的增大，压降越明显；变径锥角的改变会影响水平管道内气水两相流的液塞频率，在 10°~20° 的变化区间内，液塞频率随变径锥角的增大而减小。

3.3　液相折算速度对水平变径管中段塞流的影响

本节以液相折算速度 U_{SL} 作为变量，保证水平变径管道的变径管段锥角一定（选择变径锥角为 15° 的变径段）和气相折算速度 U_{SG} 一定，共模拟了五个工况，定义为方案 5~9，具体的工况如表 3-5 所示。

表 3-5　物性参数组合工况详情

方案编号	变径锥角/(°)	液相折算速度 U_{SL}/(m/s)	气相折算速度 U_{SG}/(m/s)
方案 5		0.25	
方案 6		0.50	
方案 7	15	0.75	3
方案 8		1.00	
方案 9		1.50	

3.3.1　不同液相折算速度下流动形态分析

3.3.1.1　整体流场特性分析

以往的实验研究结果显示，气水两相段塞流在水平变径管中，液塞的速度、长度等段塞流特性参数会随着时间波动非常强烈，且没有特别明显的规律性。这从一个方面表明，段塞流内部各相流体之间的相互作用和其发展过程会影响段塞流的稳定流动以及段塞流的一些特性参数。

为了对不同液相折算速度下的水平变径管中气水两相段塞流的变化规律进行分析，选取 5 种工况（方案 5 至方案 9）通过进行对比分析，将不同工况下的水平变径管道纵向排列以便观察段塞流的流动规律，来探究在水平变径管道的变径管段锥角一定和气相折算速度 U_{SG} 一定时，变径锥角变化对段塞流流动的影响。流动方向从左至右，管内相分布云图如图 3-16 所示。

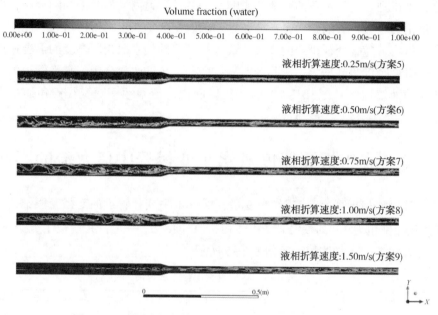

图 3-16　不同液相折算速度下水平变径管内相分布云图

观察图 3-16，在使用方案 5 和方案 6 的工况进行数值模拟时，气水两相流在水平变径管中的两相流流型是波状流，是一种气相和液相都是连续相的流型。对比管内液相分布图，当气液两相流量都相对较低时，由于重力和两种流体间的密度差，气相（蓝色）稳定分布于管道的上层，沿管道上半部分流动，液相稳定分布于管道的下层（红色），沿管道下半部分流动。两种流体之间有明显的相界面且由于气相液相之间的速度差导致截面剪切应力增加，气液界面出现波动，但并未有发展成其他流型的趋势。而方案 9 中，当液相折算速度增大到 1.50m/s 时，水平变径管中出现明显的环状流，即在水平变径管内液相呈环膜状沿管壁向前流动，而气相则在管的中心区域夹带液滴高速流过。由于重力作用，液膜沿管壁轴向分布不均匀，管道下半部分的液膜要厚于上半部分。环状流的出现与气液混合相中含气率的值、液相折算速度、气相折算速度等参数均有关系。在方案 7 和方案 8 的工况下，在水平管内形成了特征较为明显的段塞流。

对比方案 5(液相折算速度 0.25m/s)、方案 6(液相折算速度 0.50m/s)、方案 7(液相折算速度 0.75m/s)、方案 8(液相折算速度 1.00m/s)、方案 9(液相折算速度 1.50m/s)的数值模拟结果和水平变径管中气水两相段塞流的速度场变化状态。管内速度分布云图如图 3-17 所示，管内速度矢量图如图 3-18 所示。将不同工况下的水平变径管道纵向排列以便观察气水两相流的流动规律。通过进行对比分析，研究气水两相段塞流从大径管经由变径部分流至小径管后发生的变化和流动规律。

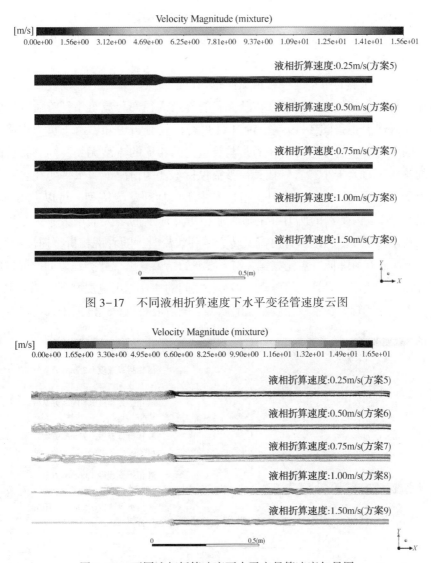

图 3-17　不同液相折算速度下水平变径管速度云图

图 3-18　不同液相折算速度下水平变径管速度矢量图

结合速度云图和速度矢量图，可以看出气水两相流进入小径管后速度有了一定幅度的增大，当水平变径管中流型为波状流时(方案5、方案6)，液相速度并没有特别明显的提升，小径管段的气相速度明显有了小幅度的增大。可能是由于在管道几何形状发生改变后，气相受到压缩的效果更加明显。当水平变径管中的流型为段塞流时(方案7、方案8)，气水两相流的混合速度也会随着液相的折算速度而增大，但增幅不明显。当水平变径管中流型为环状流时(方案9)，由于液相为水，是一种不可压缩流体，因此气水两相流从大径管流至小径管后，管道边缘的液相流动速度有了小幅的增大，中间气相的流动速度明显增大，且由于气相与液相之间的相互作用，气相与液相之间形成了更多的混合，即气相在小径管中相较大径管携带了更多的水。

将不同工况下的水平变径管道纵向排列以便观察段塞流的流动规律。通过进行对比分析，研究气水两相段塞流从大径管经由变径部分流至小径管后发生的变化和流动规律。观察图3-19～图3-21并进行比较分析可知，由于重力作用，管道上方的压力小于管道下方的压力。与管道内两相流的流型无关，同一管道内大径管的整体压力大于小径管。在其他参数保持不变的情况下，水平变径管中气水两相流受到的压力也会随之上升，但这其中不包括环状流流型。可以看出方案5至方案8，管道内受到的压力都是随着液相折算速度的增大而增大，大径管与小径管之间存在压降。但是当管内流型转变至环状流时，随着液相折算速度的增加，管道压力反而有所降低。对比方案8与方案9的结果，出现此类现象的原因可能是段塞流相较环状流，对管道的压力，相与相之间的相互作用更加剧烈。同时也可以得到，水平变径管中气水两相段塞流的压力会随着液相折算速度的增大而增大。

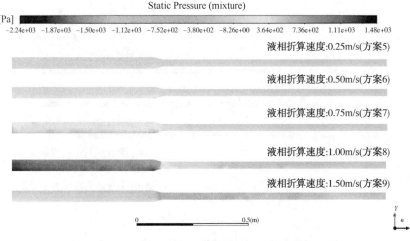

图3-19　不同液相折算速度下水平变径管内静压云图

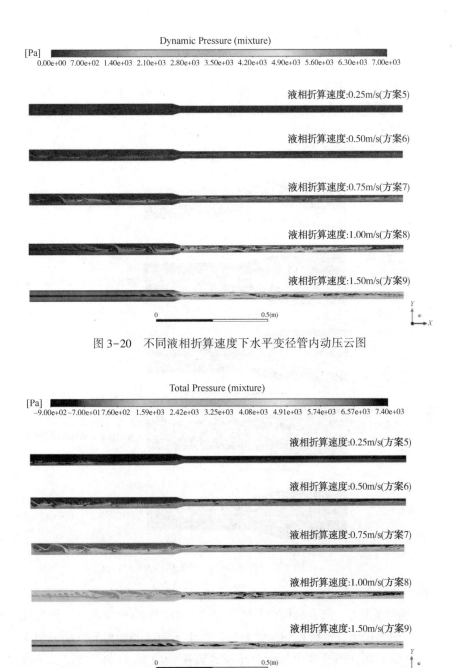

图 3-20　不同液相折算速度下水平变径管内动压云图

图 3-21　不同液相折算速度下水平变径管内总压云图

3.3.1.2 变径局部流场特性分析

在必须使用不同直径管道的工艺流程中，使用变径管时，由于管道变径部分产生的压力损失不可避免，但可以通过研究变径管压力、速度等特性参数的影响因子，为实际工艺中对气相液相的流速控制、管道内流型的控制提供一定的依据和参考。为了对比气水两相段塞流在不同液相折算速度下的变径管段流动状态，截取变径部分进行放大对比。图3-22为变径管段内相分布云图。

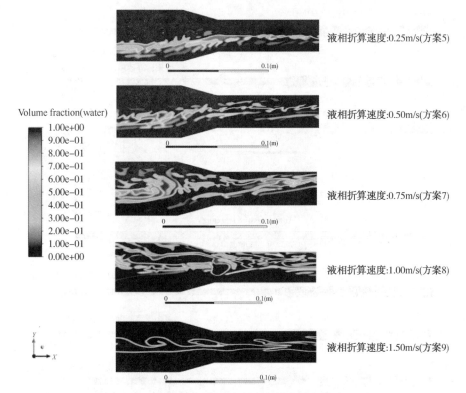

图3-22　不同液相折算速度下变径管段内相分布云图

由图3-22可以看出，当管道内气水两相流的流型为波状流时（方案5、方案6），在重力的作用下，气液分层的趋势明显。且液相的含气率较高，而气相中对液滴的携带能力较弱。气液相的速度差致使产生了明显的相界面波动，但未形成明显的气塞或液塞；当管道内气水两相流的流型为段塞流时（方案7、方案8），气液相截面碰撞剧烈且产生明显的液塞和气泡。在通过变径管段时，气泡会被压缩；当管道内气水两相流的流型为环状流流型时（方案9），气液两相在流经变径段时，流道几何形状的改变对气液相的作用更加明显。

观察图 3-23 和图 3-24 可知，液相折算速度的增加，也是混合速度的增加，不同液相折算速度的气水两相流通过管径管道部分时，都是上部分气相含量较多的流体受管道几何形状的影响更为明显。在速度矢量图中，速度矢量由于管道几何形状的改变而导致速度方向的变化更加明显。由于方案 9 中压力变化范围过大，因此选择了一个合适的压力范围来对比 5 套方案中的压力变化，压力极值如表 3-6 所示。

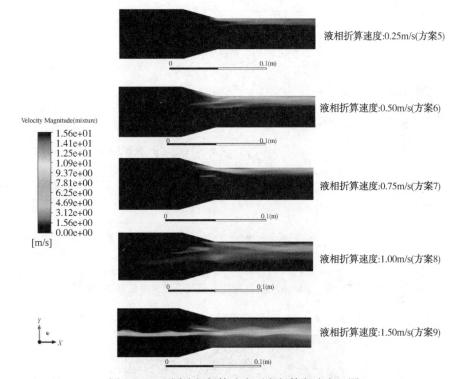

图 3-23 不同液相折算速度下变径管段速度云图

表 3-6 不同液相折算速度下水平变径管中压力值 Pa

U_{SL}/(m/s)	静压 Static Pressure		动压 Dynamic Pressure		总压 Total Pressure	
	最小值	最大值	最小值	最大值	最小值	最大值
0.25	-4.9	330.1	0	1181.7	0.29	1250.5
0.50	-55.15	817.6	0	1380.4	1.32	1553.1
0.75	-222.2	909.4	0	3437.9	-11.23	3465.6
1.00	-282.56	1479.7	0	7424.8	-171.3	7350.3
1.50	-2240.2	532.22	0	19366.2	-965.6	18642.6

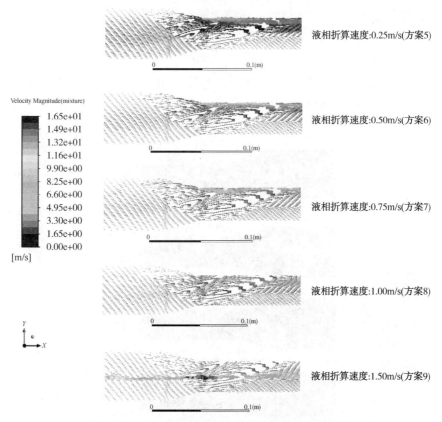

液相折算速度:0.25m/s(方案5)

Velocity Magnitude(mixture)

1.65e+01
1.49e+01
1.32e+01
1.16e+01
9.90e+00
8.25e+00
6.60e+00
4.95e+00
3.30e+00
1.65e+00
0.00e+00

[m/s]

液相折算速度:0.50m/s(方案6)

液相折算速度:0.75m/s(方案7)

液相折算速度:1.00m/s(方案8)

液相折算速度:1.50m/s(方案9)

图 3-24　不同液相折算速度下变径管段速度矢量图

我们对管道变径处的 4 个钝角进行编号，具体编号如图 3-25 所示。

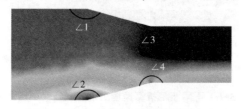

图 3-25　管道变径角编号

可以清楚地看到，方案 5~方案 8 中，管道变径开始处，下方∠2 处压力明显大于上方∠1 处压力，且越靠近∠2 处压力越大，液相折算速度越大，∠2 处压力越大。变径出口处，上、下方∠3 和∠4 处出现较低的静压值。而方案 9 中，虽然与整体变化规律不符合，但是局部变化规律仍相似。观察图 3-27 和图 3-28，变化规律仍是类似。只有方案 9，两相流流出变径管部分后，一小段距离中压力有上升，且出现较大的压力值。结合图 3-26 分析，可能是由于在经过变径部分时，流速的增大导致气液相之间的相互作用现象明显，产生了较大的波动。

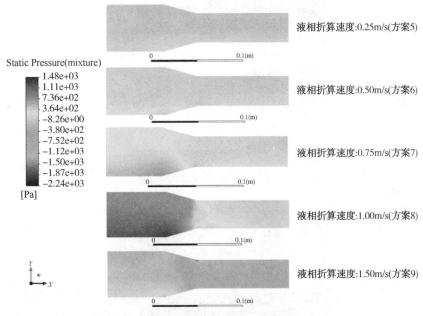

图 3-26　不同液相折算速度下变径管段静压云图

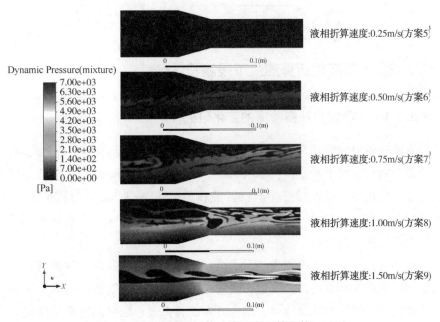

图 3-27　不同液相折算速度下变径管段静压云图

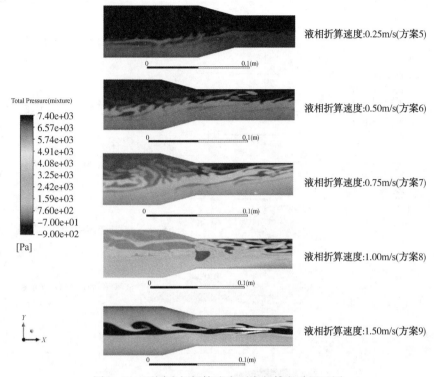

图 3-28　不同液相折算速度下变径管段动压云图

3.3.2　不同液相折算速度下段塞特性分析

3.3.2.1　大径管内液塞频率的变化研究

段塞流在管道内流动时，流量和压差等动力学参数随着流动处于波动状态。将流量波动做快速傅里叶变换（Fast Fourier Transform，简称 FFT），获取不同液相折算速度下的水平变径大径管 $X=0.9\mathrm{m}$ 处和小径管 $X=1.8\mathrm{m}$ 处的流量波动数据，作出了图 3-29 功率谱密度（Power Spectral Density，简称 PSD），表征不同变径锥角下频率信号的能量分布。

当水平变径管中气水两相流流型为波状流时，在大径管内，随着液相折算速度的增加，频率的峰值越高，流量振荡更集中。但相较段塞流、环状流，大径管中的波状流流量振荡的幅值较小，结合方案 5 和方案 6 也可以更清楚地观察到此现象。当水平变径管中的气水两相流流型为段塞流时，在大径管内，随着液相折

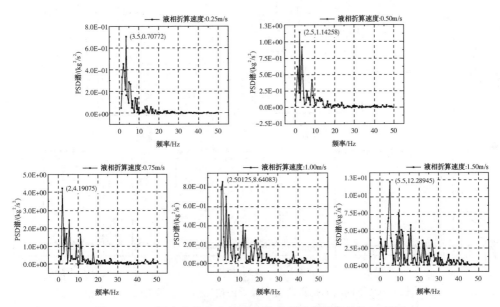

图 3-29 不同变径锥角大径管内段塞流液塞频率的 PSD 特征

算速度的增加，频率的峰值越高，在 0~20Hz 之间振荡更加明显。当水平变径管中气水两相流流型为环状流时，在大径管内，相较波状流和段塞流，幅值更大，且在 0~30Hz 之间都有较大的波动，证明环状流的流量波动更大。综上，水平管中气水两相段塞流的液塞频率随液相折算速度的增加而增大。

3.3.2.2　小径管内液塞频率的变化研究

根据之前的数值模拟已经得知，气水两相段塞流经由变径部分从大径管流至小径管后，混合速度明显升高，但两相流流入小径管后，段塞现象较大径管更为稳定。图 3-30 为不同液相折算速度对小径管内段塞流液塞频率的影响。

通过以上模拟结果对比可知，当水平变径管中气水两相流流型为波状流时，在小径管内，随着液相折算速度的增加，频率的峰值越小，流量振荡越分散。但相较段塞流、环状流，小径管中的波状流流量振荡的幅值较小，结合方案 5 和方案 6 也可以更清楚地观察到此现象。当水平变径管中的气水两相流流型为段塞流时，在小径管内，随着液相折算速度的增加，频率的峰值越高，在 0~20Hz 之间振荡更加明显。当水平变径管中气水两相流流型为环状流时，在小径管内，相较波状流和段塞流，幅值更大，且在 0~20Hz 之间都有较大的波动，证明环状流的流量波动更大。

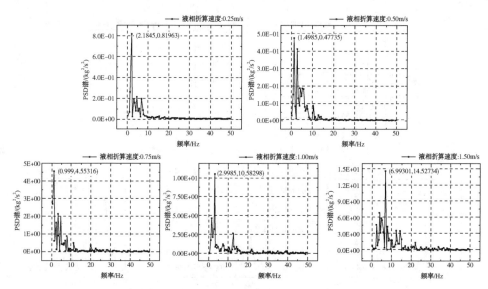

图 3-30　不同液相折算速度小径管内段塞流液塞频率的 PSD 特征

3.3.2.3　大径管、小径管内液塞频率的变化对比研究

对比五种方案的不同液相折算速度的气水两相流在水平变径管中的流动现象，发现液相折算速度对气水两相段塞流的流动特性影响并不明显，但对于气水两相流在水平变径管中的流型影响十分明显。

对比小径管中流量振荡的变化规律可知，液相折算速度对液塞频率的影响并不明显。当管道中的气水两相流流型为波状流时，流量振荡会随液相折算速度的增加而增大，气相折算速度保持不变时，增加液相折算速度会使相与相之间的相对速度增大，更容易产生大的波动使液相的界面不断被气相"抬高"，在增加到一定速度后，管道中的流型会从波状流转变为段塞流。而管道中的流型为环状流时，由于靠近管道上方的那层液膜在重力的作用下相较下层的液膜会与中间流动的、携带着水的气相形成更多的相互作用，从而导致混合速度上升、流量振荡更加明显。

3.3.3　小结

通过对不同液相折算速度下水平变径管道内气水两相段塞流数值模拟结果的分析对比，可得到：液相折算速度的改变会影响水平变径管道内气水两相流的流型，当液相折算速度 $U_{SL} = 0.25 \text{m/s}$、$U_{SL} = 0.50 \text{m/s}$ 时，水平变径管中流型为波状流；当液相折算速度 $U_{SL} = 0.75 \text{m/s}$、$U_{SL} = 1.00 \text{m/s}$ 时，水平变径管中流型为段塞流；当液相折算速度 $U_{SL}=1.50\text{m/s}$ 时，水平变径管中流型为环状流，液相折算速度的改变会影响水平管道内气水两相流的速度和压力。随着液相折算速度的增大，流入小径管的气水两相段塞流的混合速度增大。随着液相折算速度的增大，压降越明显；液相折算速度的改变会影响水平管道内气水两相段塞流的液塞频率，液相折算速度的增大会使液塞频率有较小的增大，但影响并不明显。

3.4 气相折算速度对水平变径管中段塞流的影响

本节内容以气相折算速度 U_{SG} 作为变量，保证水平变径管道的变径管段锥角一定(选择变径锥角为 15°的变径段)和液相折算速度 U_{SL} 一定，共模拟了 4 个工况，定义为方案 10~方案 13，具体的工况如表 3-7 所示。

表 3-7 物性参数组合工况详情

方案编号	变径锥角/(°)	液相折算速度 $U_{SL}/(\text{m/s})$	气相折算速度 $U_{SG}/(\text{m/s})$
方案 10			2.00
方案 11	15	1.00	3.00
方案 12			4.00
方案 13			5.00

3.4.1 不同气相折算速度下流动形态分析

3.4.1.1 整体流场特性分析

为了对气相折算速度下的水平变径管中气水两相段塞流的变化规律进行分析，选取 4 种工况来探究在水平变径管道的变径管段锥角一定和液相折算速度 U_{SL} 一定时，变径锥角变化对段塞流流动的影响，流动方向从左至右。管内相分布云图如图 3-31 所示。

在方案 10~方案 13 的工况下，当液相折算速度 $U_{SL}=1\text{m/s}$、气相折算速度按一定增幅改变时，水平变径管中都形成了特征较为稳定的气水两相段塞流，可以根据图 3-32 水的分布相图直观地得出此结论。对比可知，在重力作用下，气液相分层明显，随着气液相的波动，在管路中有明显的气泡和液塞产生。在大径管中，随着气相折算速度的增大，管路中气泡的长度也随之增加，液塞的长度也有增大的趋势。这可能是由于气相折算速度的增加使气相具有更多的能量，在管路中引起气液相表面波动越来越剧烈，将液相冲散形成更大的长气泡，段塞现象随着气相折算速度的增大越来越明显。小径管中，随着气相折算速度的增大，管道底部液膜的高度随之有明显的减小，气相折算速度越高，液塞的长度随之减小。最后对比大径管和小径管，气水两相段塞流从大径管经由变径管道流入小径管后，液塞长度有增加，气泡长度也有增加，在管道几何形状发生改变时，气水两相段塞流的流动特征也有了较为明显的改变。

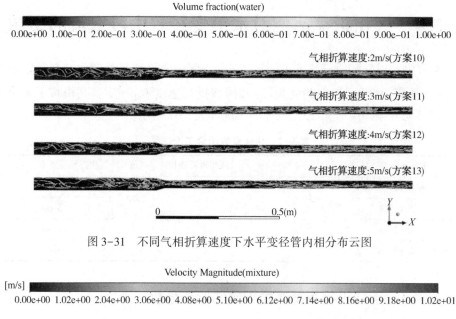

图 3-31　不同气相折算速度下水平变径管内相分布云图

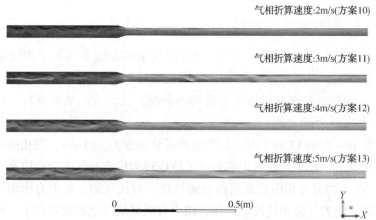

图 3-32　不同气相折算速度下水平变径管速度云图

对比图 3-32 和图 3-33, 发现随着气相折算速度的增加, 管内混合流体的速度也随之增加。这是因为混合速度是液相折算速度与气相折算速度之和, 保持液相折算速度不变, 增加气相折算速度, 混合速度也会随之提升。但仔细观察可以发现, 在气相折算速度提升至 4m/s(方案 12) 和 5m/s(方案 13) 时, 在管道变径部分和小径管某些区域出现了较大的速度值, 这说明气相折算速度提升到一定程度后, 管道内气液相相互作用更加明显, 速度过大可能会导致湍流的出现。

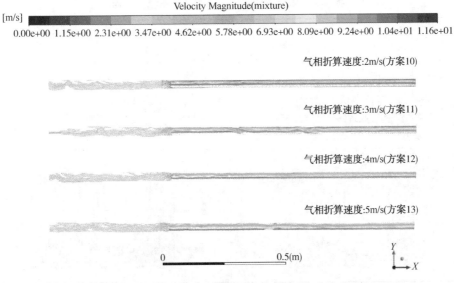

图 3-33　不同气相折算速度下水平变径管速度矢量图

表 3-8 为不同气相折算速度下水平变径管内涡量图。涡量是描写旋涡运动最重要的物理量之一, 定义为流体速度矢量的旋度, 涡量的单位是秒分之一(1/s)。涡旋通常用涡量来表示其强度和方向。在流体中, 只要有"涡量源", 就会产生大小不一的涡旋。因此, 为减少管道的压力损失, 保证流体的状态稳定, 应将气相折算速度控制在一定范围内, 具体措施应根据实际工艺要求来确定。

分析图 3-34~图 3-36 可知, 随着气相速度的改变, 管内静压、动压、总压的变化规律与改变变径锥角、液相折算速度时的变化规律相同。将不同工况下的水平变径管道纵向排列以便观察段塞流的流动规律。通过进行对比分析, 研究气水两相段塞流从大径管经由变径部分流至小径管后发生的变化和流动规律。

水平变径管内的气液两相段塞流随着流动静压在不断减小, 管道上层的压力小于管道下层的压力, 这是由于重力因素引起的, 大径管的静压明显低于小径管的静压, 若管道几何形状不发生改变, 静压是随着流体的流动逐渐减小的, 但由于流道的几何形状发生变化，致使静压变化的速率加快，在变径部分很快完成静压的改变。与流体密切相关的动压，其变化规律与流体速度紧紧相关，气相折算速度的增加，使动压也随之增加。观察压力分布可发现，随着气相折算速度的增加，水平变径管中的总压也在增加，引起这一现象可能的原因是，气相折算速度的增加，使管道内部段塞现象更明显，气相和液相之间的作用也更加明显，使得在某些区域总压数值上升。

表 3-8　不同气相折算速度下涡量沿轴向分布

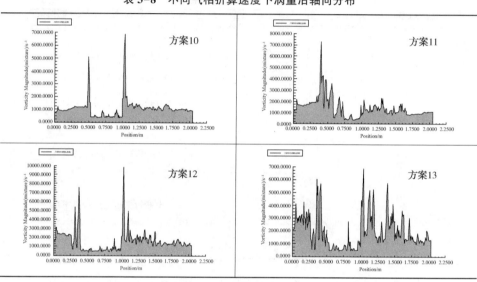

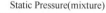
Static Pressure(mixture)

−2.73e+02 3.90e+01 3.51e+02 6.62e+02 9.74e+02 1.29e+03 1.60e+03 1.91e+03 2.22e+03 2.53e+03 2.84e+03
[Pa]

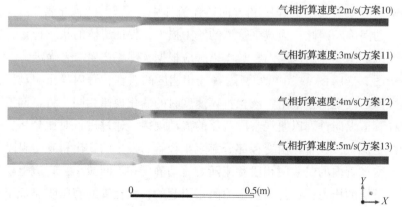

图 3-34　不同气相折算速度下水平变径管内静压云图

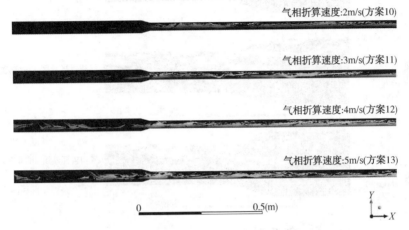

图 3-35　不同气相折算速度下水平变径管内动压云图

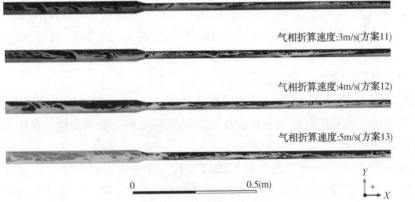

图 3-36　不同气相折算速度下水平变径管内总压云图

3.4.1.2　变径局部流场特性分析

为了对比气水两相段塞流在不同气相折算速度下的流动状态，截取变径部分进行放大对比。图 3-37 为变径管段内相分布云图。

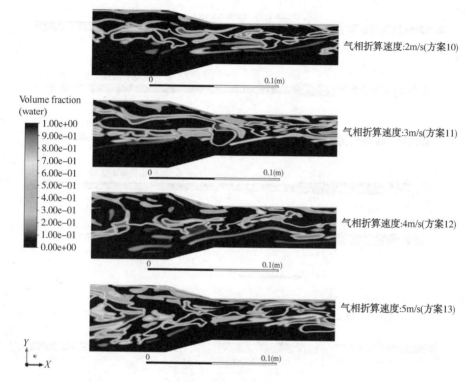

气相折算速度:2m/s(方案10)

Volume fraction (water)

1.00e+00
9.00e-01
8.00e-01
7.00e-01
6.00e-01
5.00e-01
4.00e-01
3.00e-01
2.00e-01
1.00e-01
0.00e+00

气相折算速度:3m/s(方案11)

气相折算速度:4m/s(方案12)

气相折算速度:5m/s(方案13)

图 3-37　不同气相折算速度下变径管段内相分布云图

结合图 3-37 分析，发现气相折算速度越大，管道内气液混合的效果就越好，可能导致此现象出现的原因之一是气相折算速度越大，相界面之间的扰动也就越强，气液混合相的占比也越来越多。虽然液相中并未出现数量多、分布广的小气泡，但是液膜中偶尔也会出现小气泡。

对比图 3-38 与图 3-39，速度方向发生变化与气相折算速度的影响并不大，主要还是由于流道的几何形状的改变导致变径流动方向发生变化，甚至有可能出现数值较高的速度。

根据图 3-40，对比之前的静压图可发现，变径部分的静压变化规律是相似的，因为变径管段几何形状、重力因素、速度的变化，都会导致压力较高的点和压力较低的点出现。变化规律的探究有利于在日后实际工艺中选择工况或者根据生产条件选择管道规格。图 3-41 以及图 3-42 也揭示了，气相折算速度的增加会导致较高压力点的出现，为了避免出现压力异常点，可以将气相折算速度控制在一定范围内。同时根据不同的折算速度，也可以控制、减弱、甚至消除段塞流，避免段塞流对管材造成影响。

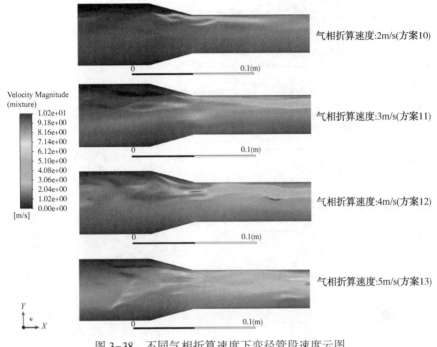

图 3-38   不同气相折算速度下变径管段速度云图

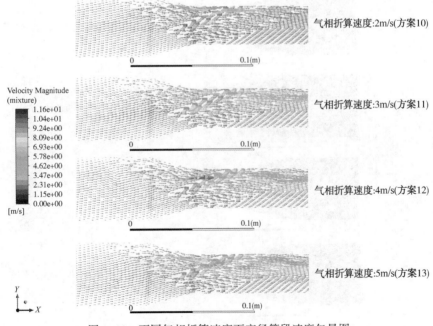

图 3-39   不同气相折算速度下变径管段速度矢量图

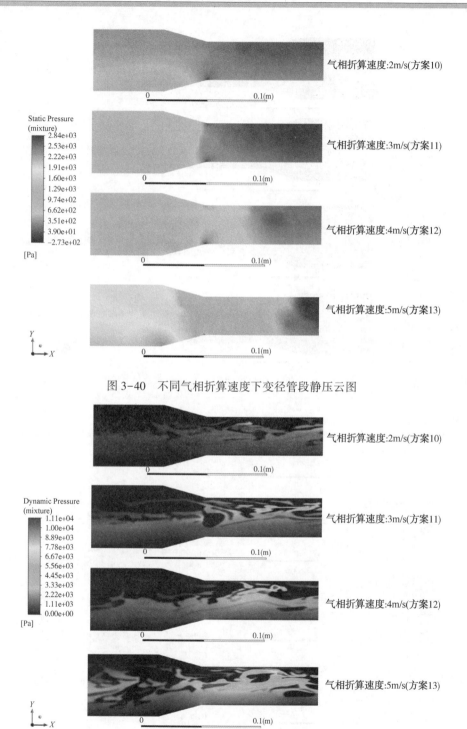

图 3-40　不同气相折算速度下变径管段静压云图

图 3-41　不同气相折算速度下变径管段动压云图

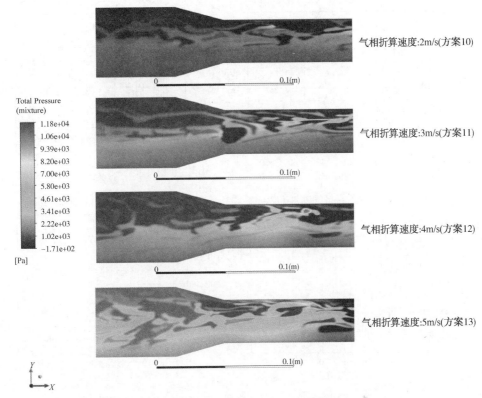

气相折算速度:2m/s(方案10)

气相折算速度:3m/s(方案11)

气相折算速度:4m/s(方案12)

气相折算速度:5m/s(方案13)

图3-42 不同气相折算速度下变径管段总压云图

3.4.2 不同气相折算速度下段塞特性分析

3.4.2.1 大径管内液塞频率的变化研究

段塞流在管道内流动时，流量和压差等动力学参数随着流动处于波动状态。将流量波动做快速傅里叶变换获取不同液相折算速度下的水平变径大径管 $X=$ 0.9m 处和小径管 $X=1.8$m 处的流量波动数据，作出图3-43功率谱密度，表征不同变径锥角下频率信号的能量分布。

可以对比得到，在液相速度 $U_{SL}=1.00$m/s 保持不变，通过改变气相折算速度来观察气相折算速度对液塞频率的影响。在大径管内，随着气相折算速度的增加，频率的峰值也随之增加，液塞频率也随着气相折算速度的增大而增加。综上，水平管中气水两相段塞流的液塞频率随气相折算速度的增加而增大。

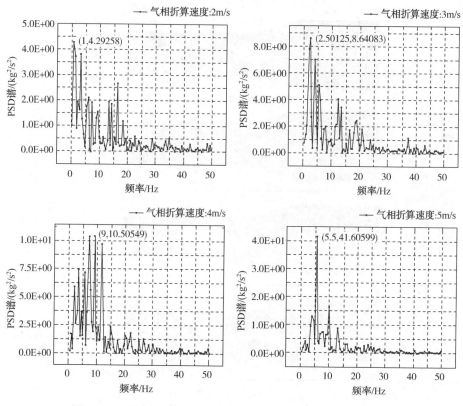

图 3-43　不同变径锥角大径管内段塞流液塞频率的 PSD 特征

3.4.2.2　小径管内液塞频率的变化研究

根据之前的数值模拟已经得知，气水两相段塞流经由变径部分从大径管流至小径管后，混合速度明显升高，但两相流流入小径管后，段塞现象较大径管更为稳定。图 3-44 为不同液相折算速度对小径管内段塞流液塞频率的影响。

经过对比分析可知，在气相折算速度增加的情况下，小径管中频率的峰值也在随之增大，则可以证明液塞频率也是随之增大的，气相折算速度对水平管内气水两相段塞流小径管的液塞频率的影响是明显的。随着管径的减小，气相折算速度越大，与液相之间的相对速度就越大，更多的水被空气"举起"，在小径管内这种现象更容易发生，液塞频率的增大导致管内流量波动也越来越明显，在 PSD 图中可以明显地表现出来。

3.4.2.3　大径管、小径管内液塞频率的变化对比研究

对比四种方案的不同气相折算速度的气水两相流在水平变径管中的流动现

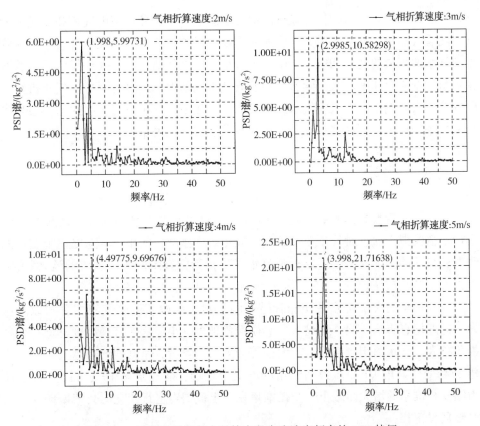

图 3-44 不同变径锥角小径管内段塞流液塞频率的 PSD 特征

象，发现气相折算速度对气水两相段塞流的流动特性影响十分明显。在水平变径管中，小径管中的气水两相段塞流的液塞频率随气相折算速度改变的趋势与大径管相同，均呈现增大的趋势。

出现这种变化趋势是由于气相折算速度的增加，管道内的小气泡不断合并为大气泡的同时不断地将连续的液相分开，形成液塞。在此情况下气泡的长度有所增加，但液塞的长度却相对减小，即液塞频率相对较大。随着气相折算速度的不断增加，液相与气相之间的速度差也越来越大，形成了越来越多的液塞，液塞的频率增加。相较大径管，小径管的流量振荡范围更小一些。出现这种情况，是因为在管道的几何形状发生改变后，混合速度的上升同时也导致段塞现象更加明显，但同时也使段塞现象更加稳定。

3.4.3 小结

通过对不同气相折算速度下水平变径管道内气水两相段塞流数值模拟结果的

分析对比，可得到：气相折算速度的改变会影响水平变径管道内气相和液相的分布，随着气相折算速度的增大，影响越明显；气相折算速度的改变会影响水平管道内气水两相流的速度和压力。随着气相折算速度的增大，流入小径管的气水两相段塞流的混合速度增大。随着气相折算速度的增大，压降越明显；气相折算速度的改变会影响水平管道内气水两相流的液塞频率，气相折算速度的增加会导致液塞频率的增大，即液塞频率与气相折算速度成正比关系。

3.5 结论

本章以实验数据为基础，使用 CFD 方法对水平变径管中的气水两相段塞流进行数值模拟，通过对管道变径锥角、液相折算速度、气相折算速度三个变量的改变获得不同的工况，通过分析观察水平变径管中气水两相段塞流的流动特性，得出以下结论与认识：

变径锥角的大小对水平变径管道中的气水两相段塞流的气液相分布以及压力、速度均有影响。同一工况下，变径锥角越大，小径管中液膜高度越低；变径锥角越大，气水两相段塞流经由大径管流向小径管后，速度的增幅越大。变径锥角 5°到变径锥角 10°，压力随锥角的增大而增加；变径锥角 10°、15°、20°，压力随变径锥角的增大而减小。变径锥角在一定范围内进行变化时，液塞频率与变径锥角呈正相关。

液相折算速度对于水平变径管道中的气水两相流流型有一定的影响。液相折算速度较低时，变径管内未形成段塞流，形成了分层流，分层流特征明显；液相速度适合时，变径管内可以形成稳定的段塞流，液相折算速度越大，大径管与小径管之间的压差越大，流体在大径管和小径管的速度差越大；液相折算速度达到 1.5m/s 时，管道内的两相流流型为环状流。

气相折算速度对于水平变径管道中的气水两相段塞流的气液相分布以及压力、速度均有影响。气相折算速度的增大，小径管中液膜高度减小，当气相折算速度与液相折算速度相等时，水平变径管中气液混合效果最佳，管道中气泡减少；气相折算速度的增大，小径管中的压力也上升，大径管与小径管之间的压降也增大；气相折算速度的增大，大径管与小径管之间的速度差值也增大；随着气相折算速度的增大，液塞频率也随之增大，此现象小径管中比大径管中更加明显。

第4章　倾斜管两相流动特性研究

关于普通水平管道以及竖直管道在稳定或常温状态下的多相流动特性已经有很多学者研究。但是，在具体的石油产业设备中，例如空气冷却凝结器、工业锅炉和汽水分离装置的巨额投资，大幅缩短管道工程的建设量，使油田尽快投入运作，因而设备的进、出口接管等，大部分都为倾斜布置的管道。并且在实际的生产中，陆上石油集输管路翻山越岭和海洋石油集输管路从海床表面的井口或者从海洋石油平台倾斜敷设至陆地，这些都与倾斜管路中的多相流体流动特性密切相关。

本章从实际工程需求出发，探索一种水平管与倾斜管组合系统段塞流的三维CFD数值模拟方法，这是一种能够对段塞流两相流动特性进行全流场实时分析的方法。在此基础上，系统地研究该种流动现象的形成机理、气液流动特征及其相关流动参数的变化规律，并建立了一种快速有效的瞬态分相理论模型。同时，对水平-倾斜管道系统段塞流的形成机理及其流动特性进行了深入研究。

4.1　气液两相流模拟方法

本章基于CFD方法，建立合适的水平-倾斜管组合系统气液两相流流动的数学模型，较为直观地描述了段塞流的流场分布，将得到的模拟结果与可视化试验进行了比较。并通过对气液两相流流型图的绘制，分析了气液相混合速度、含气率和倾斜角度对段塞流的影响，这为今后深入研究倾斜管段塞流特性提供了一定的依据。

4.1.1　物理模型建立

本章以图4-1中的水平与倾斜管组合系统作为数值模拟对象，对段塞流的形成机理和流动特性进行研究，并将其定义为倾斜管系统。

数值模型拟选用总长度5440mm圆管进行混输流体流型模拟，内径 $d=$ 25mm，全管分为长度为2040mm的水平段、长度为3400mm的倾斜段。倾斜角度分别为 2.5°、5°、10°。其中，水平段为气液两相入口，倾斜段为气液两相出口。本模拟中，以空气为分散相，水为连续相。

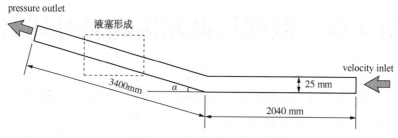

图 4-1　水平-倾斜管物理模型

该模型中对段塞流的气液流动作出一些理想的设定，具体如下：

（1）假定段塞流中的气相为理想气体，液相为不可压缩流体；

（2）假定在流动过程中温度恒定，不计流动过程中的热交换。

4.1.2　网格划分与独立性验证

4.1.2.1　网格划分

在数值模拟计算的前处理过程中，网格划分是至关重要的一步，数值模拟的本质是利用控制方程在计算区域上的离散使控制方程转化为在各个网络节点上的定义代数方程，然后通过迭代求解代数方程获得各个网络节点上的场量分布，网格的质量和拓扑结构对数值模拟结果的精度及计算效率具有重要的意义。图 4-2 为常见的网格拓扑类型。

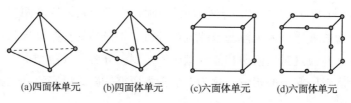

(a)四面体单元　　(b)四面体单元　　(c)六面体单元　　(d)六面体单元

图 4-2　三维网络

模型中网格划分过程中遵循以下原则：

（1）为了提高计算效率，减少计算量，在温度和速度变化较平缓的区域，网格应稀疏一些，对于温度和速度变化较大的区域网格应当细密一些；

（2）从一个网格到相邻网络的变化率应当控制在 1~4 之间，本章中的网格变化率为 1.2；

（3）规则的正方体网格质量最好，但是由于本章中边界条件的限制，无法达到最好的网格质量，因此，必须适当减小网格的扭转变形；

（4）非结构化网格可以清除节点的结构性限制，能够较好地处理边界，采用非结构化网格进行划分。

利用网络生成软件导入几何文件，进行几何检查及修复，根据几何特征，分别采用 O、C、H、J 拓扑结构的组合，生成分块六面体贴体网络。计算域内网格的总数为 580 万。倾斜管关键部位网格划分如图 4-3 所示，剖面网格拓扑结构如图 4-4 所示。

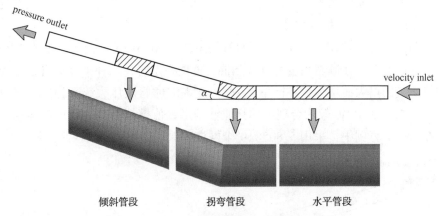

图 4-3　几何模型网格划分局部图

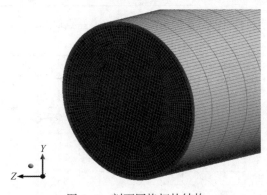

图 4-4　剖面网格拓扑结构

4.1.2.2　网格独立性验证

数值模拟计算结果的精确程度和计算范围取决于网格数量的多少，计算的精确度随着网格数量的增加而增加，与此同时计算的时间与规模也会增加，因此，明确网格数量时应该综合考虑与位移精度、计算时间的关系。

在网格数较少时增加网格的数量能够使计算的精确度显著增高，此时模拟计算时间增加得非常缓慢。但是当网格数增加到临界点时再持续增加网格时，计算的精确度几乎没有提高，而模拟计算时间却大幅度地增长。

当数值模拟计算域内网格数量达到计算精度的要求时，对网格再进行加大密度并不会对运算的结果产生显著的影响，从而可以说明在数值模拟中对网格的划分结果是合理的，这就是网格独立性验证的意义。在段塞流的特征参数中，压力作为最典型的特征参数，能够直观地表现出段塞流在各个阶段的流动特征。在气液相混合速度和倾斜角度一定的情况下，选取下图管线系统 A、B、C 三点的压力波动来验证网格的独立性(图 4-5)。

在图 4-6 中，给出了在水平-倾斜管路系统中 A、B、C 三点压力的数值模拟结果。可以看出，在倾斜角度和气液相混合速度一定时，三种工况的管道压力随着网格数量的增大而增大，在网格数为 $6×10^6$ 左右时管道压力趋于稳定。所以网格数量为 $5.805×10^6$ 时较为合理，并且能够满足数值模拟计算的精确度需求。因此，在后面的算例中，采用 $5.805×10^6$ 个网格来保证计算的最大控制体积。

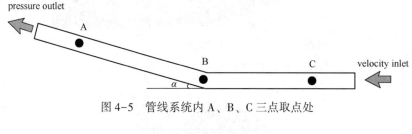

图 4-5　管线系统内 A、B、C 三点取点处

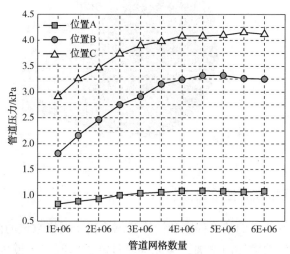

图 4-6　三套网格下在 A、B、C 处压力的计算结果

4.1.3　模型验证

为验证水平-倾斜管内气液两相段塞流计算模型的可靠性，现依托西安石油大学油气水三相试验台，设计水平-倾斜管路多相流流动封闭式回路试验系统，基于前述数值分析结果，选取部分典型工况，对段塞流液塞长度进行试验研究，将室内试验结果与数值计算结果进行对比分析，修正并完善水平-倾斜管内气液两相段塞流计算模型。

选取 $\alpha=5°$、气液混合相速度 $u=1.44\text{m/s}$、含气率为40%的算例与室内试验进行比对，结果如图4-7所示。

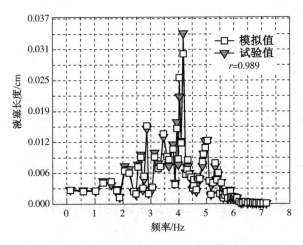

图4-7　液塞长度模拟值与实测值对比

由图4-7可以看出，液塞长度的模拟计算结果也与室内试验测得数据基本吻合，两者间相关系数为0.989。说明用本模型描述段塞流的可信度高且对段塞流特征参数的预测误差小。由于数值模型中不考虑流动过程中的能量损失，模型预测值与实测数据存在微小偏差。

4.2　速度对倾斜管内段塞流的影响

段塞流是流体在管路中运动常出现的形式，包含石油工业中对气相和液相的输送。以多相流流动的物理分析和国内外研究者对倾斜管路段塞流流型变化的实验研究为基础，发现气液相速度的改变对管路内流体流动结构和过渡区都存在明显的影响。在之前对管路内段塞流流型的探索通常是针对常见的水平管道等进行试验与理论的探索，很少有针对多相流气液相速度的改变对水平-倾斜管路内段塞流结构的影响进行体系化的归纳与探索。在一定的相分布和倾斜角度下，不同的混合速度对流体的流动存在很大的区别。因此，对倾斜管内段塞流的研究具有重要的工程指导作用。

段塞流理论模型表示了流体特征参数之间的联系，不仅反映了气液两相流型的变化过程及规律，还能对水平-倾斜管系统内的气液两相分布及其改变进行实时跟踪。该模型的建立为段塞流流型发展的预测和对管路危害的评价给出了一种简便且高效的办法。本章以图 4-1 中的水平-倾斜立管系统为对象，根据段塞流各个阶段的气液流动过程，建立其三维瞬态分相理论预测模型。算例分别选取水为液体介质，空气为气体介质，组合成四个算例，分别定义为 Case1 ～ Case4，具体的物性参数组合工况如表 4-1 所示。

表 4-1 物性参数组合工况

算例编号	角度/(°)	含气率/%	混合相速度/(m/s)
Case1			0.5
Case2			1
Case3	15	50	1.44
Case4			2

4.2.1 段塞流特征流型出现及液体结构的循环

4.2.1.1 三维结构相图

根据以往国内外学者的研究文献可得，段塞流在水平-倾斜管路系统中非常容易形成，同时这也是油气田集输系统中最常见的管线分布方式，因此通过以下三维相图 4-8～图 4-10 可以直观地观测到，在角度和含气率一定时，管道内气液两相流随着混合相速度变化时流型的变化情况及流体的循环过程。混合相速度是段塞流特征参数中最关键的物理参数之一，以它为基础能够推断出其他的特征参数，在预测流型转变和压降的模型中具有基础性的重要作用。

以 Case1 ～ Case4 为例，采用数值模拟方法，对段塞流的形成机理进行归纳和探索。通过几何模型的三维结构相图，可以观察到其发生过程中气液两相的变化情况。如图 4-8 所示，当气液相通过右端入口进入水平管道之后，随着速度的增加，气液两相流在入口处已完全分层，在水平管段处液面保持不变。气相（蓝色）在液相（红色）上方，气液两相间具有明显的分界面。

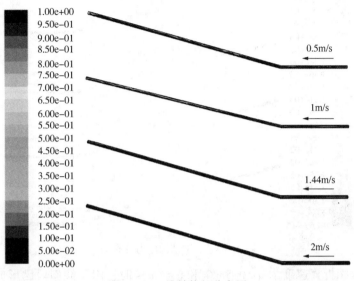

图 4-8　三维结构相分布图

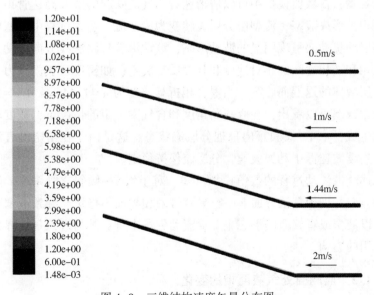

图 4-9　三维结构速度矢量分布图

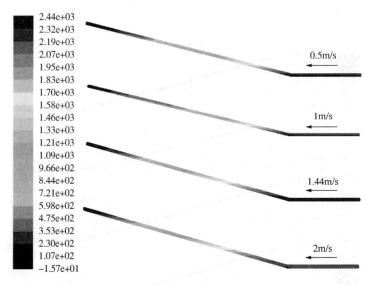

2.44e+03
2.32e+03
2.19e+03
2.07e+03
1.95e+03
1.83e+03
1.70e+03
1.58e+03
1.46e+03
1.33e+03
1.21e+03
1.09e+03
9.66e+02
8.44e+02
7.21e+02
5.98e+02
4.75e+02
3.53e+02
2.30e+02
1.07e+02
−1.57e+01

0.5m/s

1m/s

1.44m/s

2m/s

图 4-10   三维结构压力分布图

当混合相折算速度为 $u=0.5$m/s 和 $u=1$m/s 时，由于倾斜段已形成气塞，接近拐弯处水平液位缓慢升高。当液面靠近于管道上壁面时，说明液相已经逐渐产生液塞并且开始向倾斜管路内延长。由于实际情况中段塞流中段塞的运动速度较快，难以观测，在数值模拟中可以清晰地看出气流吹起的液波高达管顶，阻碍管道流通面积，形成液塞，流型由分层流转变为段塞流。运动过程中液塞侧边界因受到边界层的扰动而呈现明显的波动形态，波动沿着管路法线方向流动，波动的幅度由气相和液相之间的相对速度和其性质来决定，如密度和表面张力。而尾部由于边界层液体的返混而收窄。当混合相折算速度为 $u=1.44$m/s 和 $u=2$m/s 时，通过相分布云图可以看出，在倾斜角角度和含气率一定的情况下，速度增大影响段塞流的生成，水平-倾斜管内呈现分层流状态。这是由于在给定的气液相折算速度下，连续波速低于动力波速，分层流保持稳定。

由上述气液流动过程的数值模拟可知，对于水平-倾斜立管系统，由于倾斜管中流动方向和理想气液界面非平行导致气液相界面不稳定，导致液塞和气塞的形成，所以液塞或者气塞的形态主要受流动矢量本身和其与理想气液界面夹角两者共同作用的影响。

4.2.1.2   监测面处气液两相的变化

图 4-11~图 4-14 为几何模型沿流动方向的监测面处（水平处、拐弯处、倾斜处）的二维相分布图，每种工况选取 4 张具有典型代表性的不同位置的相分布

图，以说明段塞流流型出现的过程。

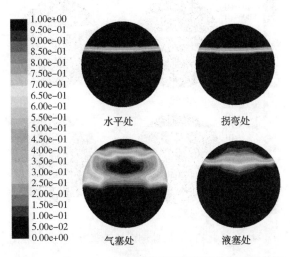

图 4-11　$u = 0.50\text{m/s}$ 时监测面处段塞流产生过程相图

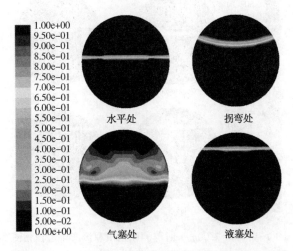

图 4-12　$u = 1.00\text{m/s}$ 时监测面处段塞流产生过程相图

由于监测面距离水平入口处有一定距离，当气液相以速度 $0.50 \sim 2.00\text{m/s}$ 从入口处进入，气液两相流经水平处监测面时，截面云图下半部分为大面积红色的液相，上半部分小面积蓝色的气相，气液相相交的地方为黄色和绿色的气水混合物。当气液相流经拐弯处监测面的时候，气相受液相的挤压，截面积变小。当气液两相流入倾斜管段时，在混合相速度为 0.50m/s、1.00m/s 时，倾斜管段形成段塞流，气塞处较于液塞处弥散着气泡和液体的混合区，连接于以气包形式流动的气相。在混合相速度为 1.44m/s、2.00m/s 时，倾斜管段仍然为分层流。说明

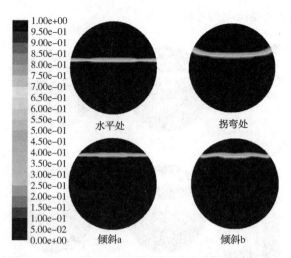

图 4-13　$u=1.44\mathrm{m/s}$ 时监测面处段塞流产生过程相图

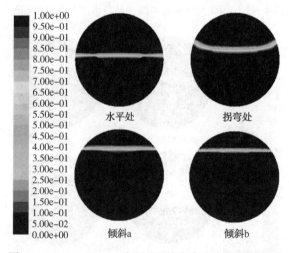

图 4-14　$u=2.00\mathrm{m/s}$ 时监测面处段塞流产生过程相图

当倾斜角和含气率一定时，混合相速度小于 1.44m/s 的情况下，较易形成段塞流。从气塞处可以看出，气液两相进入倾斜管后产生了一对对称的涡流，这是因为管路中心的流体速度高于管道壁面附近流体。并且，作用在管道中心流体上的离心力比壁面附近流体大得多，这就令管道中心流体不仅存在沿管路轴向的速度，还存在沿管路内部指向外部的速度。由于气液两相流动的连续性，当管路中心的流体一流向倾斜管外侧就有内侧的流体填补上来，从而形成对称的涡流。从图可以看出，当气液相混合速度过大时，监测面处液相较气相明显偏高，没有气塞生成。由此得出，气塞的形成极大地受到气液相混合速度的影响。

　　图 4-15~图 4-18 为监测面处速度矢量分布图，每种工况选取 4 张具有典型代表性的管路中不同位置的速度矢量分布图，解释了气液两相在管道中速度的大小及分布情况。

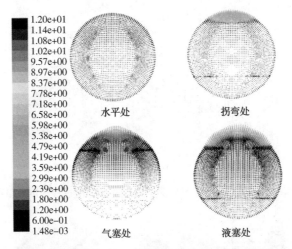

图 4-15　$u=0.50$m/s 时监测面处段塞流产生过程速度矢量图

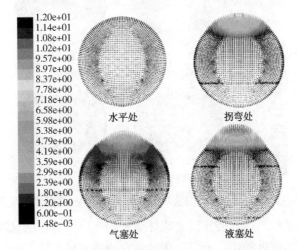

图 4-16　$u=1.00$m/s 时监测面处段塞流产生过程速度矢量图

　　可以得出，速度按初始速度大小呈规律分布。在水平管处，气液相速度和初始设置速度基本一致。根据相分布云图和速度云图对比可以看出，在拐弯处，气相速度较液相速度明显偏高，进入倾斜管后，气液相混合速度增大，且越靠近管壁上壁面，气相速度变化越大。并且由图 4-18 可以看出，这一现象在倾斜管中一直持续至出口。这是由于气液相混合流体进入水平管段，还未形成液塞，速度

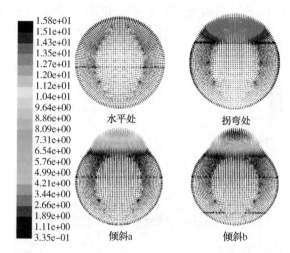

图 4-17　$u = 1.44\text{m/s}$ 时监测面处段塞流产生过程速度矢量图

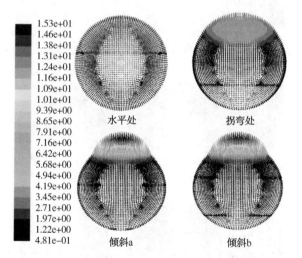

图 4-18　$u = 2.00\text{m/s}$ 时监测面处段塞流产生过程速度矢量图

较小，变化也较平稳。当气液相混合流体流至拐弯段，液相明显增高，对气相形成挤压，促使气相速度加快。当混合流体稳定流入倾斜管段，此时气液相速度较之水平段速度增大，但仍处于稳定阶段。进入倾斜管后，气液混合流体在管内形成的气弹推动下加速从倾斜管出口流出，气液相速度都急剧升高，且气相速度较液相速度变化更为剧烈。

图 4-19~图 4-22 为监测面处压力分布图。每种工况选取 4 张具有典型代表性的管路中不同位置的压力分布图，以此阐述段塞流发生过程中管道内的压力分布情况。

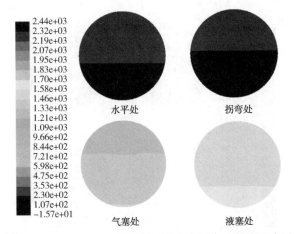

图 4-19 $u = 0.50\text{m/s}$ 时监测面处段塞流产生过程压力图

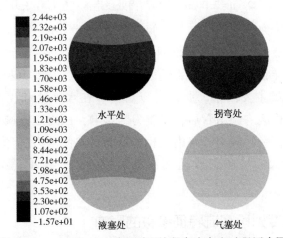

图 4-20 $u = 1.00\text{m/s}$ 时监测面处段塞流产生过程压力图

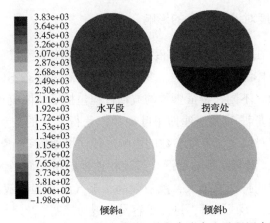

图 4-21 $u = 1.44\text{m/s}$ 时监测面处段塞流产生过程压力图

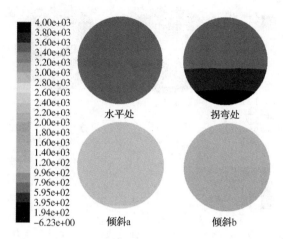

图 4-22　$u = 2.00\text{m/s}$ 时监测面处段塞流产生过程压力图

　　由三维结构压力分布图可知，在倾斜角度和含气率一定时，随着速度的增加，压力不受气液相混合速度的影响。压力总体在水平-倾斜管道系统中逐渐下降，倾斜管中导致压力下降的影响因素包含重力、摩擦力和加速度。其中重力是压力下降的最主要因素。所以可以看出，在水平处和拐弯处，压力都较高。当气液混合相流入倾斜管后，受重力的影响，压力逐渐减小。随着气液相混合速度的增加，引起倾斜管路内气相含量剧增，使重力压降、摩擦压降和加速度压降随之增大。从倾斜段监测面处可以看出，速度越大，压力下降得越快。

4.2.2　速度对段塞流特征参数的影响

4.2.2.1　速度对液塞频率的影响

　　多相流混合物在水平-倾斜管路系统内流动时，流体流量和压力压差等动力学特征参数随着流体流动产生波动。多相流混合物流体形态不同，压力压差等参数的波动特性也随之不同，特征参数的波动过程包括了流体流动系统等方面的复杂信号，可以将流量波动做快速傅里叶变换，获得液塞的波动功率谱密度曲线（PSD），以对速度对段塞流特征参数的影响进行详尽地研究。

　　在图 4-23 中，液塞频率随着混合气液相速度的增加而增大。这是因为速度增加时，管道内截面持液率增大，液位较高，被气流吹起的液波可能高达管顶，阻碍管道流通面积，形成液桥，进而更容易发展为液塞。

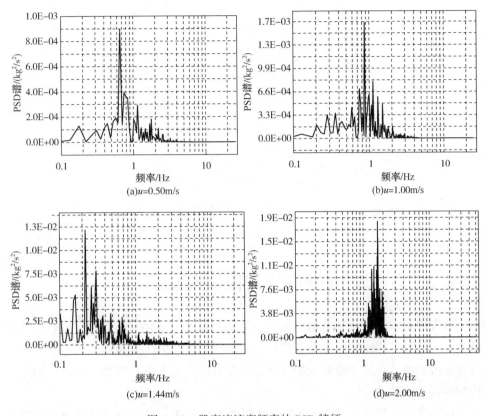

图 4-23 段塞流液塞频率的 PSD 特征

4.2.2.2 速度对液塞长度的影响

由以上研究可以看出，随着气液相混合速度的增大，液塞长度随之增加。在混合速度较小时，液塞平均长度较小。当混合速度从 1.00m/s 增大至 1.44m/s 时，液塞长度增大幅度最为明显。这是由于随着混合速度增大，气液界面波动更为剧烈，形成的液塞将前端液膜内的液体卷吸进自身体内，此时液塞的长度增大。由动量守恒定理可得，液塞增长到一定长度后液塞尾端就会有一部分液体脱落至液塞后端的液膜中。由此可得，随着液塞在管路中运动，液塞前端卷吸液膜中的液体使长度增大，部分液塞尾端又脱落至后端的液膜中，这样令液塞的长度保持了动态平衡的状态。液塞长度与使气相加速的液体量密切相关。由图 4-24 可以得出，混合速度的增大导致液塞长度的增大。

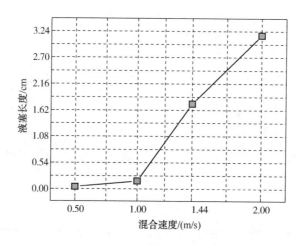

图 4-24　液塞长度和混合速度之间的关系

4.3　含气率对倾斜管内段塞流的影响

含气率是多相流流动结构中的重要特征参数之一。含气率对确定多相流结构的流型、气液分相流体流量和管路中的重力压降、摩擦压降和加速压降等存在不可忽视的影响。它对于段塞流的压降计算是必须预先求得的参数，同时也和沸腾传热有很大的关系。

在本节中，基于水平-倾斜管道系统的形成机理，建立适用于水平-倾斜管道系统的三维 CFD 数值模拟方法，通过数值模拟对含气率对段塞流相关参数特性的影响做进一步研究。该算例分别选取水为液体介质，空气为气体介质，组合成五个算例，分别定义为 Case5 ~ Case9，具体的物性参数组合工况如表 4-2 所示。

表 4-2　物性参数组合工况

算例编号	角度/(°)	混合相速度/(m/s)	含气率/%
Case5			40
Case6			50
Case7	15	1	60
Case8			70
Case9			80

4.3.1　段塞流特征流型出现及液体结构循环

4.3.1.1　三维结构相图

基于三维结构相图和三维结构速度矢量图可以明显观察到段塞流特征的情况。本章选取五种工况来探究在倾斜角度和混合相流速一定时，含气率变化对段塞流形成的影响，如图 4-25~图 4-27 所示。将不同工况下的水平-倾斜管道纵向排列以便观察段塞流的形成规律。

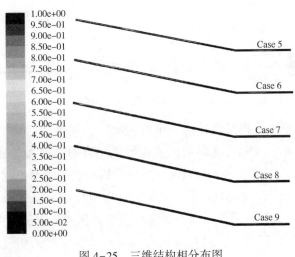

图 4-25　三维结构相分布图

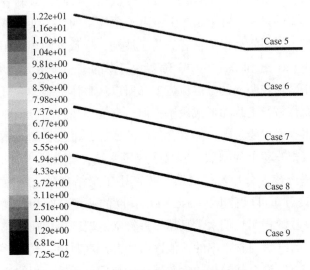

图 4-26　三维结构速度矢量分布图

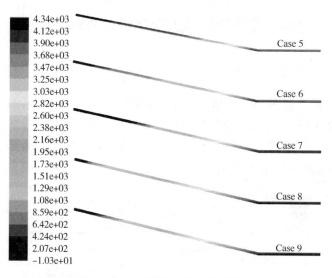

图 4-27　三维结构压力分布图

在倾斜角度和气液相混合速度一定的工况下，观察几何模型的三维结构相图，可以看到随着含气率变化时段塞流在形成过程中气液相的变化情况。如图 4-25 所示，当气液混合相进入管道入口，最开始在水平管都形成光滑的分层流。但随着气液混合相流入倾斜管道，在含气率为 40%（Case 5）和含气率为 50%（Case 6）的情况下，倾斜管段形成明显的段塞流。从相分布云图可以看出，Case 6 比 Case 5 气塞产生得滞后，但 Case 6 比 Case 5 气塞和液塞的产生更为剧烈。在含气率为 60%（Case 7）、70%（Case 8）和 80%（Case 9）时，倾斜管段已经发生了由段塞流向分层流的过渡。在 Case7 中，由于含气率的增大使气液相界面的气芯卷吸周围的液膜，倾斜管后段的液相产生了波动，导致气液界面不稳定，产生了气塞和液塞。在 Case 8 和 Case 9 中，随着含气率的进一步增大，水平-倾斜管路系统中气液两相呈现较明显的分层流流型。所以从整体上看，含气率在一定范围内增大时，界面容易产生扰动形成段塞，但当含气率超过临界值时会对段塞流的形成有抑制作用。这主要是因为随着含气率的增加，进气量随之增加，气体的携液能力增强使液相波动更为剧烈，容易形成段塞流，随着进气量的进一步增加，流型逐渐由段塞流转为分层流，说明气相产生了聚结现象，与液相分离。从图 4-25 气液相速度分布可以看出，Case 5～Case 9 的速度分布相图规律总体趋势一致，气相的速度较液相明显偏大，且越靠近管壁上端，气相速度越大。说明随着含气率的增加，含气率与含水率的比值逐渐增大，表明相对气速逐渐增加。从该结果可以得到如下结论：某一相的含率越高，则相对于另一相的速度也就越大。

4.3.1.2　监测面处气液两相的变化

图4-28~图4-32为本章所建立模型的监测面处的二维相分布图，监测面分别设置在管道水平处、拐弯处、气塞处及液塞处。从国内外学者对截面含气率的探究可以看出，压力、质量含气率、流速、当量直径和管壁粗糙度都能够对截面含气率产生影响。本章在绝热条件下，对空气–水流动进行模拟研究，模拟时假设壁面光滑，以说明在倾斜角度和气液混合相速度一定的情况下，含气率的变化对段塞流的影响。

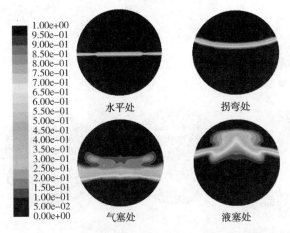

图4-28　含气率为40%时监测面处段塞流产生过程相图

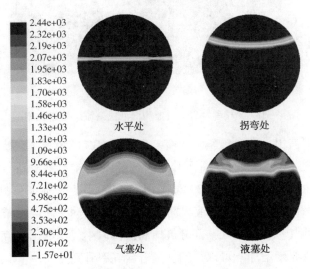

图4-29　含气率为50%时监测面处段塞流产生过程相图

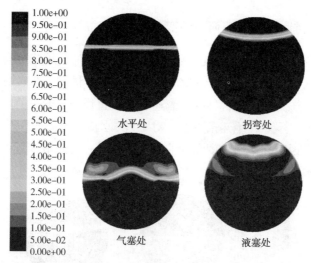

图 4-30　含气率为 60% 时监测面处段塞流产生过程相图

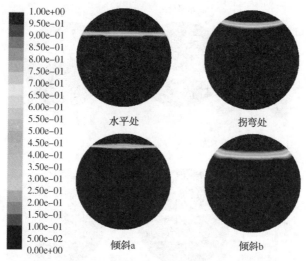

图 4-31　含气率为 70% 时监测面处段塞流产生过程相图

从上图可以看出：在含气率为 40%、50% 和 60% 的情况下，水平处和拐弯处的液位（红色）随着含气率的升高而升高，这是由于含气率增高，气相的携液能力增强。并且由图 4-28~图 4-30 对比得知，在含气率为 40%（Case 5）、50%（Case 6）和 60%（Case 7）时，气液界面出现明显的扰动，所以形成了明显的段塞流，在段塞流的气塞和液塞处，部分气体和液体以小气团的形态互相融合令相界面的气水混合物厚度增加。可以得到，随着含气率升高至 70%（Case 8）时，水平处和拐弯处中的液面进一步升高，呈稳定的分层流。当气液混合相流经倾斜管，

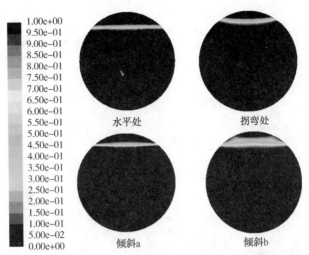

图 4-32 含气率为 80% 时监测面处段塞流产生过程相图

此时气水界面是光滑的，界面上没有波的存在，当含气率增至 80%（Case 9）时，管内液面进一步上升，但还处于分层流区域。说明在气液两相混合流动中，含气率可能存在临界值；在倾斜角度和气液相混合速度一定时，含气率增大对段塞流的形成有促进作用，但超过临界值后，随着含气率的增大，气液混合相的界面波动趋于平息，流型逐渐向分层流转变。

图 4-33～图 4-37 是沿流动方向监测面的速度矢量分布图。每种工况选取 4 张具有典型代表性的不同位置的速度矢量分布图，以说明段塞流发生时气液两相各自的速度分布情况。

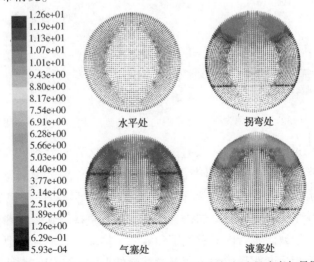

图 4-33 含气率为 40% 时监测面处段塞流产生过程速度矢量图

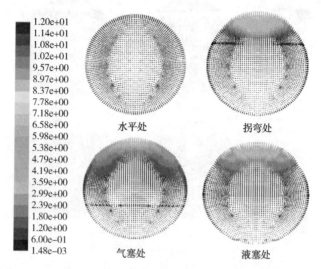

图 4-34　含气率为 50%时监测面处段塞流产生过程速度矢量图

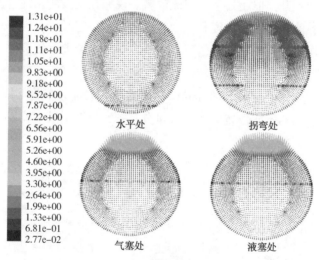

图 4-35　含气率为 60%时监测面处段塞流产生过程速度矢量图

由上图流动过程中监测面的数值模拟结果可知：在水平管处，气相和液相的流动方向都是单一的，且气相速度比液相速度略大；在含气率为 40%、50%和60%的时候，倾斜管段形成了段塞流，由监测面速度分布图可以看出，在拐弯处，气相速度较水平管处时明显加快，这一现象一直持续到倾斜管。这是由于气液界面的不稳定导致倾斜管内形成气塞和液塞，推动了水平管路中气体加速涌入倾斜管，促使气相速度明显增大。随着段塞流的形成，液位较高处的气相速度比液位较低处的气相速度大，且越靠近管壁上侧，气相速度越大。此外，倾斜管段中没有形成段塞流，可以看出，在水平段速度分布规律一致，进入拐弯段后气相速度明显增大，这种现象一直持续到倾斜管前端，随着气液混合相的继续流动，气相速度慢慢减小，逐渐趋于稳定。

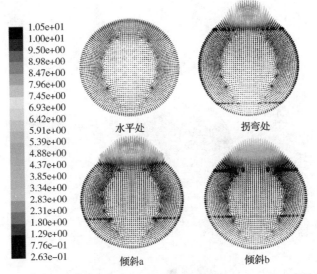

图 4-36 含气率为 70% 时监测面处段塞流产生过程速度矢量图

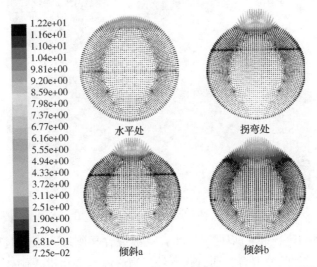

图 4-37 含气率为 80% 时监测面处段塞流产生过程速度矢量图

图 4-38~图 4-42 为含气率变化时段塞流出现前至段塞流出现的监测面的压力分布图，深入分析水平-倾斜管路系统内气液两相段塞流在倾斜角度和速度一定时，液体结构循环过程中各监测面的平均压力变化情况。

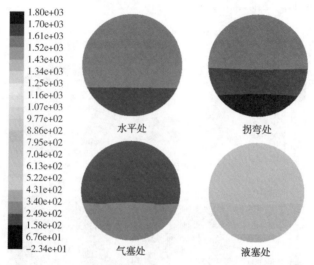

图 4-38　含气率为 40% 时监测面处段塞流产生过程压力图

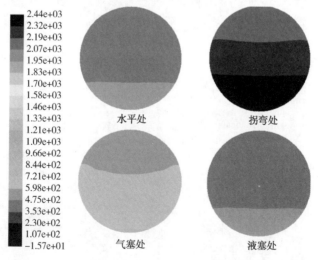

图 4-39　含气率为 50% 时监测面处段塞流产生过程压力图

由图 4-38~图 4-42 可以明显看出：气液混合相刚进入入口时压力最大，这一现象一直持续到气液混合相通过拐弯处；当气液混合相进入倾斜管后，含气率 40%（Case 5）的压力最先下降，并且下降速度较快，在倾斜管中以较低的压力流动至管道出口；含气率 80%（Case 9）的气液混合相进入倾斜管后压力下降得最晚，并且下降速度较慢，其余算例随着含气率的变化，压力下降呈规律分布。

在倾斜管压降中，重力压降起重要作用，它与管中含气率有关，摩擦压降和加速度压降与倾斜管中气液混合速度有关。通过监测面压力分布云图可以观察出，随着含气率的增大，压力下降得越慢。

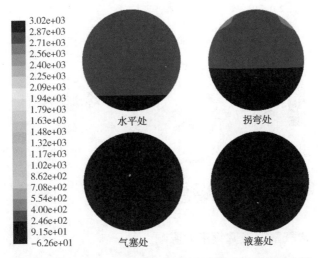

图 4-40　含气率为 60%时监测面处段塞流产生过程压力图

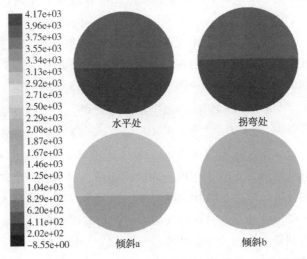

图 4-41　含气率为 70%时监测面处段塞流产生过程压力图

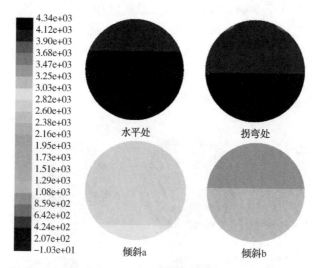

图 4-42　含气率为 80%时监测面处段塞流产生过程压力图

4.3.2　含气率对段塞流特征参数的影响

4.3.2.1　含气率对液塞频率的影响

为进一步解释段塞流液塞频率的波动特性，对段塞流信号在频域内进行功率谱密度分析，图 4-43 表示在倾斜角度和气液相混合速度一定时，含气率变化引起的信号样本的 PSD 特征。

由图 4-43 可以看出：随着含气率的增加，峰值频率越高，振荡强度越强。液塞频率在含气率为 40%时，幅值在 1.00Hz 时达到最大值，为 $5.0×10^{-4}kg^2/s^2$；在含气率为 50%时，幅值在 1.0Hz 附近达到最大值，为 $1.5×10^{-3}kg^2/s^2$；含气率为 60%和 70%时，同时在 1~10Hz 的频率范围内出现了多个幅度较为明显的特征峰，含气率为 60%时，最大幅值为 $2.4×10^{-3}kg^2/s^2$，含气率为 70%时，最大幅值为 $2.9×10^{-3}kg^2/s^2$；当含气率为 80%时，最大幅值 $3.2×10^{-3}kg^2/s^2$。可以看出，随着含气率由 40%增大至 50%，气液界面波动加剧，液塞频率增大且液塞出现更为频繁。随着含气率继续由 60%增大至 70%，液塞频率进一步增大，但增大速度放缓。对比相分布图可知，这时管内气液界面扰动减弱。含气率增大至 80%，幅值在 3Hz 附近达到最大值，为 $3.2×10^{-3}kg^2/s^2$，这是由于随着含气率的增大，气量随之增加，气体的携液能力增强使液塞振荡强度增大。

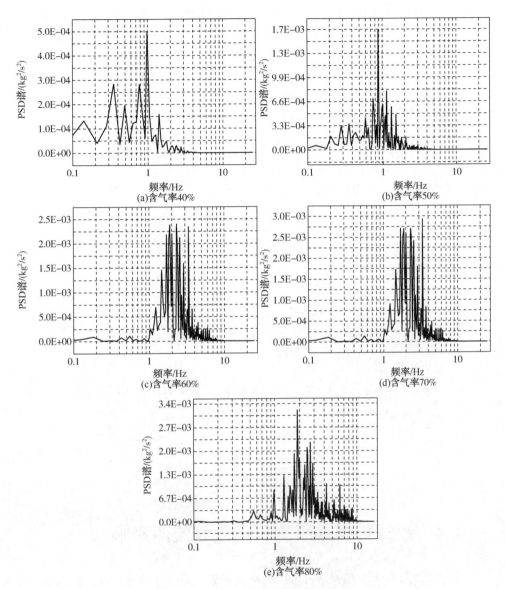

图 4-43　段塞流液塞频率的 PSD 特征

4.3.2.2　含气率对液塞长度的影响

如图 4-44 所示，在含气率为 40% 时，液塞长度为 0.05cm；含气率为 50% 时，液塞长度增大至 0.16cm；当含气率为 60% 时，液塞长度为 0.24cm；含气率为 70% 时，液塞长度为 0.28cm；含气率增大至 80% 时，液塞长度为 0.32cm。可以看出，在倾斜角度和气液混合相速度一定时，随着含气率的增大，液塞长度随之增大，在含气率由40%增大至50%时，液塞长度增加得最为明显。这是因为段塞流中液塞发生并且沿流体流动方向运动时，产生了液体薄层，液体薄层由液塞后端流出的流体构成，其大小受剪切应力的影响。因为液塞的动能远远大于液体薄层中的动能，使液塞卷吸液体薄层中的液体，所以液体薄层中的液体被迫加速至液塞速度，这样使液塞前端形成涡流区。由于涡流的存在使液塞能够收集更多的气体，导致气液两相中气相的比例增大，管道中大气泡的合并使得稳定的长液塞前短液塞尾部脱落的液体被长液塞收集，造成了短液塞的消失和长液塞长度的增加，并且随着进气量的增大，液塞间距由密变疏，使得液塞的生长足够充分和稳定。

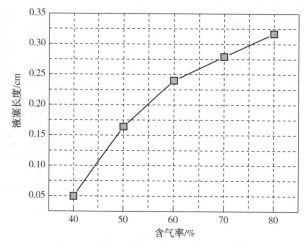

图 4-44　液塞长度和含气率之间的关系

4.4　倾斜角度对倾斜管内段塞流的影响

关于气液两相流体在管路内流动的特征参数，国内外研究学者往往对水平和垂直管路流动这两种工况展开探索，但是针对水平-倾斜管路中流体流动系统的深入探索较少。不过在当今的石油工业中，对倾斜管路的研究显得越来越迫切，这主要体现在油气集输的发展上，陆上集输管线翻山越岭以及海上集输管线从海床井口到油井平台或者从海上平台倾斜敷设至陆地，以上工况都和倾斜管路中的气液两相流动问题息息相关。

本章对不同倾角下的管内气液两相流动进行了数值模拟，较为直观地描述了段塞流的形成过程和流动状态。还能直接预测立管内的流态变化、气液相分布和速度、压力分布。本章以图 3-1 中的水平-倾斜立管系统为原型，根据段塞流各个阶段的气液流动过程，建立其三维理论模型。算例分别选取水为液体介质，空气为气体介质，组合成四个算例，分别定义为 Case10~Case12，具体的物性参数组合工况如表 4-3 所示。

表 4-3 物性参数组合工况

算例编号	混合相速度/(m/s)	含气率/%	角度/(°)
Case10			5
Case11	1.44	50	10
Case12			20

4.4.1 段塞流特征流型出现及液体结构循环

4.4.1.1 三维结构相图

在实际工程中，最容易出现段塞流的管道几何形式为上倾形式的水平-倾斜管路系统，同时这也是油气田集输系统中最常见的管线分布方式。为了对倾斜管中段塞流的变化规律做进一步研究，通过图 4-45~图 4-47 可以直观地观测到在混合相流速和含气率一定时，管道内段塞流随着倾角变化时流型的变化情况及流体的循环过程。

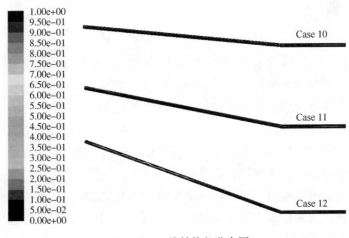

图 4-45 三维结构相分布图

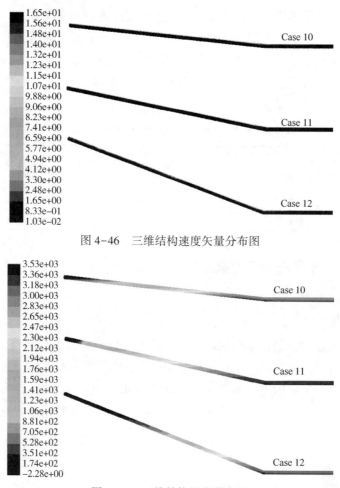

图 4-46   三维结构速度矢量分布图

图 4-47   三维结构压力分布图

由上图可知：当含气率和气液混合相速度一定时，在倾斜角度为 5°（Case10）中，在水平管中液面较低，随着气液两相流进入倾斜管后，液面升高，但气液两相流始终为稳定的分层流；在倾斜角度为 10°（Case 11）中，水平管和倾斜管前半部分气液相流动和 Case 10 呈相似性，随着气液混合相的流动，在倾斜管出口附近，气液相界面产生了扰动，但没有形成明显的液塞或气塞；在倾斜角度为 15°（Case 12）中，气液混合相界面在倾斜管后半段产生波动，充满管路的液塞被气团分开。可以看出，随着倾斜角度由 5°变化到 15°的过程中，管道角度的增大有助于段塞流的形成。从图 4-47 可以看出，在同一含气率和速度下，当管路的倾斜角度由 5°变化到 15°的过程中，压降随着倾角的增大而增大，并且在一定的气液相混合速度下，管路的下行段压差要低于上行段，在 Case12 中当倾斜管道上部气液混合相产生波动形成段塞流时，压力下降得越快。

4.4.1.2 监测面处气液两相的变化

随着数值模型倾斜角度的改变，管内流型及相分布也会发生改变。气液两相在管道内流动时主要受重力、剪切力以及表面张力这三个力的共同影响，当管道倾角不同时，这三个力对管内气液两相的影响也各不相同，即使在倾角一样的情况下，沿管程的不同截面处，这三个力的影响情况也不一样。图4-48~图4-50通过对不同倾角下管内监测面处相分布的二维云图，深入分析倾角变化对段塞流形成的影响。

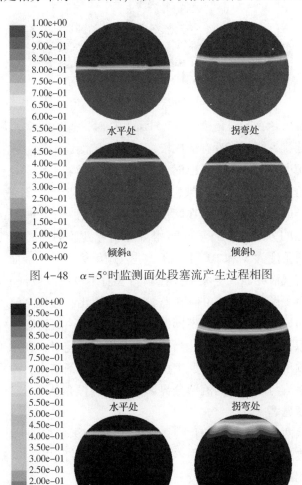

图4-48　$\alpha=5°$时监测面处段塞流产生过程相图

图4-49　$\alpha=10°$时监测面处段塞流产生过程相图

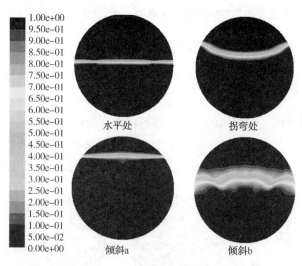

图 4-50　α = 15°时监测面处段塞流产生过程相图

由图可以看出：在倾斜角度为 5°(Case 10) 时，气液混合相从水平管入口进入，通过拐弯处流入倾斜管没有形成段塞流，从监测面来看，一直处于分层流的状态；在倾斜角度为 10°(Case 11) 时，可以由监测面看出水平处、拐弯处和倾斜管前端与倾斜角度为 5°时基本一致，但当气液两相流流经倾斜管后端时，气液界面产生扰动，形成液塞和气塞；在倾角角度进一步增大至 15°(Case 12) 时，在水平管处处于稳定的分层流，当气液两相流经拐弯处监测面时，气相受液相的挤压，液面较倾斜角度为 5°和 10°时升高。进入倾斜管路后，液面升高，对气相进一步挤压，导致气液界面产生波动，在倾斜管后半段液波被气流吹起接近管顶，阻塞管路流动面积形成液塞，并且在监测面可以看出，在段塞流中气液界面的小气泡较分层流明显增多。通过对不同倾斜角度对水平-倾斜管道气液两相流流型转化过渡的模拟，计算结果表明，当速度、含气率一定时，在水平管内存在分层流流型，随着倾角的增加，界面产生扰动，分层流逐渐消失，段塞流出现。倾角的变化对于分层流与段塞流的流型分界影响较大，倾角从 0°向 30°转化时，各流型分界变化程度显著。

段塞流气液两相速度矢量变化规律如图 4-51~图 4-53 所示。其中每种工况选取 4 张具有典型代表性的管路中不同位置的速度矢量分布图，解释了气液两相在管道中各分相速度矢量的大小及分布情况。

由下图气液两相流动过程的监测面云图可知：在气液相混合速度和含气率一定时，水平-倾斜管系统截面速度矢量云图分布图和截面气液两相分布图规律相似。在水平管中，气液两相在管内分布均匀，液相因为重力作用在圆管下半部

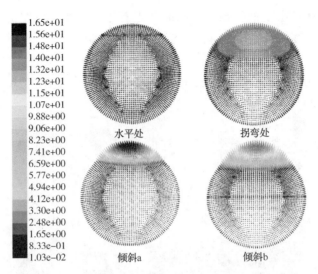

图 4-51　α=5°时监测面处段塞流产生过程速度矢量图

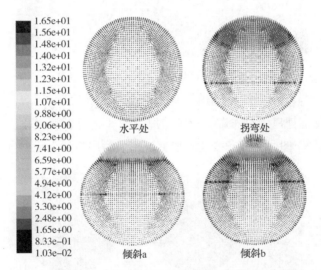

图 4-52　α=10°时监测面处段塞流产生过程速度矢量图

分，气相在圆管上半部分，这时速度矢量均匀分布。当气液混合两相流经拐弯处时，管内液面升高，气相遭到挤压使速度加快，可以看出在倾斜角度为5°和15°时的气相速度较倾斜角度为10°时快，这说明气相速度的变化与倾斜角度的增大没有线性关系。对比可知，在倾斜角度为5°时管内气液两相为稳定的分层流，所以在图中可以看出，在倾斜管中气相速度一直保持在稳定的状态。当倾斜角度为10°时，气液两相在倾斜管出口产生波动，可以看出倾斜 b 处相较于倾斜 a 处气相速度增大，这是由于液波被气流吹起接近管顶，气相的管路流动面积受到阻塞，所以气相速度增大。由图 4-53 可知，当倾角角度为 15°时，由于倾角的增大在倾斜管中气液两相形成段塞流，在液塞处气相受到液塞的挤压，气相速度明显增大，在气塞中气相的管路流通面积变大，气相速度减小。

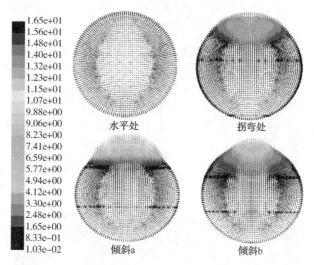

图 4-53 $\alpha = 15°$时监测面处段塞流产生过程速度矢量图

为了研究在段塞流发生过程中水平-倾斜管路系统内的压力分布情况，图 4-54~图 4-56 为监测面处压力分布图，每种工况选取 4 张具有典型代表性的管路中不同位置的压力分布图，对倾角变化对段塞流形成时压力的变化做进一步研究。

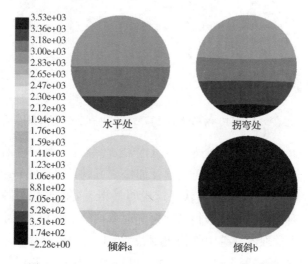

图 4-54 $\alpha = 5°$时监测面处段塞流产生过程压力图

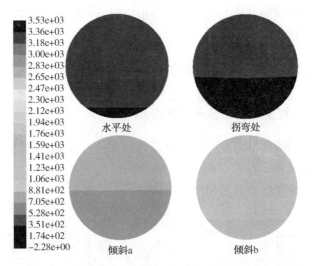

图4-55　α=10°时监测面处段塞流产生过程速度矢量图

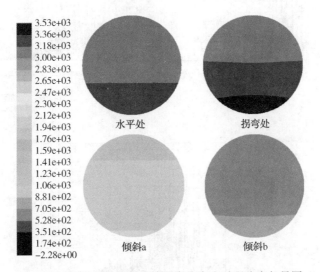

图4-56　α=15°时监测面处段塞流产生过程速度矢量图

从上图可以看出：倾斜角度为5°、10°和15°时，水平管处和拐弯处压力都比较高，在倾斜角为5°（Case 10）时，管内没有形成段塞流，所以由于高差而产生的压力损失使压力在倾斜管中均匀下降；在倾斜角为10°（Case 11）时，倾斜管出口处液相回流增强使界面产生波动，导致管内压力下降，这是因为随着倾斜角度的增大使施加在气液两相流中液相上的重力分力增强；当倾斜角为15°（Case 12）时，液相在拐弯处堵塞管道，使得液体在管道底部积聚形成液塞，随着气液流量的不断流入，倾斜管中的液塞增长然后从上倾管出口流出，导致在倾斜管中压力波动最大。通过对倾角变化的数值模拟发现，角度的变化对倾斜管路的压降起到主要的影响作用。

4.4.2　倾斜角度对段塞流特征参数的影响

4.4.2.1　倾斜角度对液塞频率的影响

本节针对不同倾角下段塞流的流动特点和压力波动特性作出了图 4-57 功率谱密度（PSD）特性图，表征不同倾角下频率信号的能量分布。有利于更深刻地理解段塞流的流动规律，对流型判断提供指导。

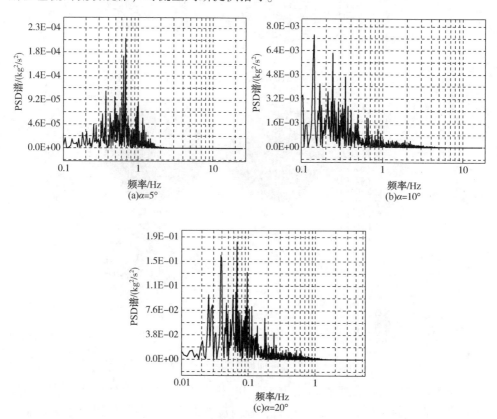

图 4-57　段塞流液塞频率的 PSD 特征

在图中：当倾角 $\alpha = 5°$ 时，幅值在 0.7Hz 时达到最大值，为 $2.1 \times 10^{-4} \mathrm{kg}^2/\mathrm{s}^2$；当倾角为 $\alpha = 10°$ 时，幅值在 0.3Hz 时达到最大值，为 $7.2 \times 10^{-3} \mathrm{kg}^2/\mathrm{s}^2$；当倾角 $\alpha = 20°$ 时，幅值在 0.08Hz 时达到最大值，为 $1.8 \times 10^{-1} \mathrm{kg}^2/\mathrm{s}^2$。从图中可以看出，在气液混合相速度和含气率一定时，液塞频率随着倾斜角度的增大而减小，流量振

荡发生得更为集中，但是振荡强度随着倾斜角度的增大而增大。这是由于随着倾斜角度的增大，作用在两相流中液相上的重力分力越明显，管内倒流趋势增强液体更易于形成桥塞而产生波动形成液塞，液塞的数目增多使流量振荡强度逐渐增大。

4.4.2.2　倾斜角度对液塞长度的影响

由图 4-58 可以看出，段塞流的形成对倾角的变化非常敏感。在混合相速度和含气率一定的情况下，液塞长度随着倾斜角度的增大而大幅增大。当倾斜角度为 5°时，液塞长度为 0.03cm；当倾角为 10°时，液塞长度为 1.07cm；当倾斜角度为 15°时，液塞长度急剧增大到 26.26cm。这是因为在管道上倾时，液体薄层在重力分力的施加下容易堵塞管路，形成液桥，倾斜角度越大对液桥的产生更有利，进一步加剧液塞长度的增大。并且液膜在重力作用下减速，随着液塞前端一边卷吸液膜体内的液相，尾端液塞脱落至液膜中，使液塞长度处于动态平衡的状态。随着倾斜角度的增大，液膜卷吸的液相越多，液塞长度的增大更为明显。

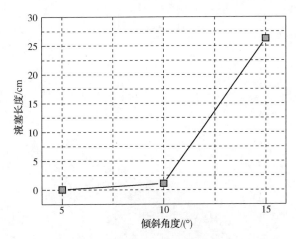

图 4-58　液塞长度和倾斜角度之间的关系

4.5　结论

本章使用 CFD 方法对水平-倾斜管内气液两相段塞流进行了数值模拟。通过模拟不同条件的流动特性，分析管路整体与监测面云图，观察段塞流特征流型出现的过程以及后续液体结构的循环，深入分析了监测面处气液两相、速度矢量和压力的变化规律。获得的结论有：

段塞流流型的生成主要受气液混合相速度、含气率和倾斜角度的影响。其中：含气率和倾斜角度一定时，随着气液混合相速度的增大，段塞流气液界面扰动越明显；气液混合速度和倾斜角度一定时，随着含气率的增大，液塞和气塞的形成更为剧烈；当气液混合速度和含气率一定时，可以得出管道倾角的增大有助于段塞流形成的规律。

随着气液相混合速度的增大使得液塞峰值频率越高，流量振荡强度增大；在气液混合相速度和倾斜角度一定时，液塞频率峰值随着含气率的增大而增大；在含气率和气液混合相速度一定时，随着倾斜角度的增大液塞频率越低，但是强度明显增大。管道倾斜角度的增大对流量振荡强度的增大影响最为明显。

根据液塞频率峰值经过计算得出液塞长度。在含气率和倾斜角度一定时，液塞长度随着混合速度的增大而增大；混合速度和倾斜角度一定时，液塞长度随着含气率的增大进一步增大并且液塞出现更为频繁；在相同的混合速度与含气率下，倾斜角度的增大使得液塞长度明显增大，这主要是因为，倾斜角度的增大，作用在两相流中液相上的重力分力越明显，管内倒流趋势增强液体更易于形成桥塞而使液塞长度增大。

参 考 文 献

［1］王福军. 计算流体动力学分析：CFD 软件原理与应用［M］. 清华大学出版社，2004.

［2］Vesteeg H K，Malalasekera W. An introduction to computational fluid dynamics. 1995.

［3］陈矛章. 黏性流体动力学理论及紊流工程计算［M］. 北京航空学院出版社，1986.

［4］温正. FLUENT 流体计算应用教程［M］. 2 版. 清华大学出版社，2013.

［5］陶文铨. 数值传热学［M］. 2 版. 西安交通大学出版社，2001.

［6］郭烈锦. 两相与多相流动力学［M］. 西安交通大学出版社，2002.

［7］张师帅. 计算流体动力学及其应用：CFD 软件的原理与应用［M］. 华中科技大学出版社，2011.

［8］李科. 提高油田伴生气回收率的研究与应用［J］. 中国化工贸易，2013，000（007）：349-349.

［9］赵立新，蒋明虎，孙德智. 旋流分离技术研究进展［J］. 化工进展，2005，24（10）：1118-1123.

［10］李永山. 脱气除砂旋流器的流场分析与实验研究. 东北石油大学.

［11］杨发平，汤年勇，孔雅芝，等. 伴生气含油水对计量输差的影响［J］. 石油工业技术监督，2007（1）.

［12］李俊，许多，郑杰. 油田放空天然气回收利用探讨［J］. 油气田地面工程，2010（03）：58-59.

［13］赵立新. 用于油田污水处理的水力旋流技术的理论与实验研究［D］. 哈尔滨工业大学.

［14］赵炬肃. 中小油田集输站含油污水除油技术研究及应用［J］. 石油地质与工程，2006，20（4）：78-79.

［15］陈进富. 油田采出水处理技术与进展［J］. 环境工程，2000（01）：18-20.

［16］王超. 卧式油气水三相分离器的流场研究［D］. 吉林大学，2011.

［17］刘士雷. 三相分离器设计及流场研究［D］. 吉林大学，2012.

［18］龙川，柯水洲，洪俊明，等. 含油废水处理技术的研究进展［J］. 工业水处理，2007（08）：4-7.

［19］Wiencke B. Fundamental principles for sizing and design of gravity separators for industrial refrigeration［J］. International Journal of Refrigeration，2011，34（8）：2092-2108.

［20］Rao B V，Velan H K，Gopalkrishna S J. Visualization of Partition Surface from Performance Indices of Gravity Separators［J］. Transactions of the Indian Institute of Metals，2016，69（1）：1-6.

［21］李长俊，吴畏，张黎. 渤西油田严重段塞流控制措施数值模拟［J］. 油气储运，2018，v.37；No.349（01）：95-100.

［22］周云龙，李珊珊. 起伏振动状态下倾斜管气液两相流型实验研究［J］. 原子能科学技术，

2018, 52(002)：262-268.

[23] 吴志成，熊珍琴，顾汉洋. 水平与微倾斜管内气液两相流长气泡形状实验和模型研究 [J]. 动力工程学报，2018(2)：163-168.

[24] 王琳，李玉星，刘昶，等. 严重段塞流引起的海洋立管振动响应[J]. 工程力学，2017 (06)：236-245.

[25] 史博会，宫敬，郑丽君，等. 大管径高压力气液两相管流流型转变数值模拟[J]. 油气储 运，2013(07)：698-703.

[26] 赵俊英，金宁德，高忠科. 油气水三相流段塞流不稳定周期轨道探寻[J]. 物理学报， 2013(08)：317-329.

[27] 胡学羽，刘亦鹏，王平阳，等. 倾斜管中低温气液两相流弹状气泡生成位置的实验研究 [J]. 上海交通大学学报，2012(02)：306-311.

[28] 高嵩，尤云祥，李巍，等. 下倾管-立管水气严重段塞流数值模拟[J]. 力学学报，2011, 43(3).

[29] 袁文麒，刘遂庆，等. 管道充水工况下气液两相流瞬态数值模拟[J]. 同济大学学报：自 然科学版，2010, 38(5)：709-715.

[30] 刘夷平，张华，王经. 水平气-液两相流伪段塞流和段塞流的识别及其理论预测[J]. 上 海交通大学学报，2008(08)：1247-1253.

[31] 马华伟，何利民，罗小明，等. 下倾-立管系统中严重段塞流现象的周期特性[J]. 工程 热物理学报，2008(05)：69-73.

[32] 刘文红，郭烈锦，程开河，等. 水平及微倾斜管内油气水三相流流型特性[J]. 石油学 报，2006, 27(003)：120-125.

[33] 关跃波，周云龙，孙斌，等. 倾斜下降管内气-液两相流流型 PSD 特征[J]. 东北电力大 学学报，2003, 3(6)：129-132.

[34] Taitel Y, Dukler A E. A Model for Slug Frequency During Gas-Liquid Flow in Horizontal and Near Horizontal Pipes[J]. International Journal of Multiphase Flow, 1977, 3(6)：585-596.

[35] Taitel Y, Dukler A E. A model for predicting flow regime transitions in horizontal and near horizontal gas-liquid flow[J]. Aiche Journal, 1976, 22.

[36] Mouza A A, Paras S V, Karabelas A J. CFD Code Application to Wavy Stratified Gas-Liquid Flow[J]. Chemical Engineering Research & Design, 2001, 79(5)：561-568.

[37] Hart J, Hamersma P J, Fortuin J. Correlations Predicting Frictional Pressure Drop and Liquid-Holdup During Horizontal Gas-Liquid Pipe Flow with a Small Liquid Holdup[J]. International Journal of Multiphase Flow, 1989, 15(6)：947-964.

[38] Brauner N, Rovinsky J, Maron D M. Determination of the interface curvature in stratified two-phase systems by energy considerations[J]. International Journal of Multiphase Flow, 1996, 22 (6)：1167-1185.

[39] Badie S, Lawrence C J, Hewitt G F. Axial viewing studies of horizontal gas－liquid flows with

low liquid loading[J]. International Journal of Multiphase Flow, 2001, 27(7)：1259-1269.

[40] 吴志成. 水平管与倾斜管内单气泡形态特征研究[D]. 上海交通大学, 2017.

[41] 罗小明. 气液两相和油气水三相段塞流流动特性研究[D]. 中国石油大学, 2007.

[42] 黄阿勇. 水平管道油-气两相流段塞流特性的实验研究[D]. 上海交通大学, 2009.

[43] 牛朋, 马焕英. 基于实验研究的水平井气液两相流流型判别修正[J]. 中国海上油气, 2019, 031(005)：139-146.

[44] 吴应湘. 气体/非牛顿幂律流体两相倾斜管流研究[J]. 工程力学, 2007.

[45] 宋承毅. 油气多相混输技术及工程实践[J]. 油气田地面工程, 2008, 027(001)：1-5.

[46] 陈丽, 丁杰, 周鹏, 等. 海底油气混输管道严重段塞流的问题分析[J]. 油气储运, 2009, 28(005)：10-14.

[47] Xu P, Wu Z, Mujumdar A S, et al. Innovative Hydrocyclone Inlet Designs to Reduce Erosion-Induced Wear in Mineral Dewatering Processes [J]. Drying Technology, 2009, 27 (2)：201-211.

[48] 徐继润, 罗茜. 水力旋流器流场研究新进展[J]. 国外金属矿选矿, 1989, 026(011)：39-45.

[49] 陆耀军, 周力行, 沈熊. 液-液旋流分离管中强旋湍流的 Reynold 应力输运方程数值模拟[J]. 中国科学：技术科学, 2000(01)：47-54.

[50] 陆耀军, 周力行, 沈熊. 液-液旋流分离管中强旋湍流的 RNG$k-\varepsilon$ 数值模拟[J]. 水动力学研究与进展(A辑), 1999(03)：63-71.

[51] 陆耀军, 周力行, 沈熊. 液-液旋流分离管中强旋湍流的 $k-\varepsilon$ 数值模拟[J]. 计算力学学报, 2000, 17(3)：267-272.

[52] 舒朝晖. 油水分离水力旋流器分离特性及其软件设计的研究[D]. 四川大学.

[53] 赵立新, 张淼, 刘文庆, 等. 内锥式脱油旋流器流场分析与结构优化[J]. 化工机械, 2011(02)：74-77.

[54] 段文益, 王振波, 金有海. 导叶式水力旋流器分离性能试验研究[J]. 石油机械, 2009, 37(002)：1-4.

[55] 蒋明虎, 韩龙, 赵立新, 等. 内锥式三相旋流分离器分离性能研究[J]. 化工机械, 2011, 38(004)：434-439.

[56] Su Y, Zhao B, Zheng A. Simulation of Turbulent Flow in Square Cyclone Separator with Different Gas Exhaust [J]. Industrial & Engineering Chemistry Research, 2011, 50 (21)：12162-12169.

[57] 周强, 程乐鸣, 骆仲泱, 等. 方形卧式分离器的 PIV 流场试验研究[J]. 浙江大学学报：工学版, 2006, 40(1)：126-130.

[58] 周强, 程乐鸣, 骆仲泱, 等. 方形卧式分离器两相流场的数值模拟[J]. 动力工程学报, 2004, 24(004)：567-571.

[59] Hoffmann A C, MD Groot, Peng W, et al. Advantages and risks in increasing cyclone

separator length[J]. AIChE Journal，2001，47.

[60] Chu L Y, Chen W M, Lee X Z. Effect of structural modification on hydrocyclone performance [J]. Separation and Purification Technology，2000，21(1)：71-86.

[61] Klima M, Kim B. Dense-medium separation of heavy-metal particles from soil using a wide-angle hydrocyclone[J]. Environmental Letters，1998，33(7)：1325-1340.

[62] Schwier D, Hartge E U, Werther J, et al. Global sensitivity analysis in the flowsheet simulation of solids processes[J]. Chemical Engineering and Processing：Process Intensification，2010，49(1)：9-21.

[63] Bai Z S. Purifying Coke-Cooling Wastewater[J]. Chemical Engineering，2010，117(3)：p. 40-42.

[64] Gomez L E, Mohan R S, Shoham O, et al. Enhanced Mechanistic Model and Field-Application Design of Gas/Liquid Cylindrical Cyclone Separators[J]. SPE Journal，2000，5 (2)：190-198.

[65] 曹学文，林宗虎，黄庆宣，等. 新型管柱式气液旋流分离器[J]. 天然气工业，2002 (02)：86-90+12.

[66] 卢秋羽. 脱气除油一体化旋流器分离特性研究[D]. 东北石油大学.

[67] 王圆. 螺旋结构三相分离旋流器流场分析与结构优选[D]. 东北石油大学.

[68] 郑小涛，龚程，徐红波，等. 油-水-气三相旋流器分离验证及气-液腔结构优化[J]. 武汉工程大学学报，2014，000(010)：37-41.

[69] 周俊鹏. 油-气-水三相分离旋流器流场特性研究[D]. 东北石油大学，2011.

[70] 郑娟. 用于气-水-砂三相分离的水力旋流器的实验研究[D]. 大连理工大学，2005.

[71] Svarov L，唐钟震. 水力旋流器[J]. 国外金属矿山，1989，000(003)：69-74.

[72] Dai G Q, Chen W M, Li J M, et al. Experimental study of solid － liquid two-phase flow in a hydrocyclone[J]. Chemical Engineering Journal，1999，74(3)：211-216.

[73] 赵立新，李枫. 离心分离技术[M]. 东北林业大学出版社，2006.

[74] 邵云飞，仲梁维. 重力沉降式油水分离技术的改进[J]. 通信电源技术，2015，32(006)：174-177.

[75] 程纠. 海洋平台油气水分离器设计与分析[D]. 西南石油大学，2014.

[76] 唐钟震. 水力旋流器[J]. 国外金属矿山，1989，000(003)：69-74.

[77] Thew M. Hydrocyclone redesign for liquid-liquid separation. 1986.

[78] Qiang Yang, Wen jie, et al. Treating Methanol-to-Olefin Quench Water by Minihydrocyclone Clarification and Steam Stripper Purification[J]. Chemical Engineering & Technology，2015，38(3)：547 － 552.

[79] 董芳，金宁德，宗艳波，等. 两相流流型动力学特征多尺度递归定量分析[J]. 物理学报，2008(10)：115-124.